AF363516

VOYAGE

AGRICOLE, BOTANIQUE

ET PITTORESQUE,

DANS

UNE PARTIE DES LANDES

DE LOT-ET-GARONNE,

ET DE CELLES DE LA GIRONDE;

Orné de Figures.

Berger des Landes. Chasse au Loup.

VOYAGE

AGRICOLE, BOTANIQUE

ET PITTORESQUE,

DANS

UNE PARTIE DES LANDES

DE LOT-ET-GARONNE,

ET DE CELLES DE LA GIRONDE;

Orné de Figures.

Par M. DE SAINT-AMANS.

> Libeat mihi sordida rura
> Atque humiles habitare casas.
> VIRG. *Egl. II.*

AGEN,

Chez PROSPER NOUBEL, Imprimeur-Libraire,
rue Garonne.

Se trouve A PARIS,

Chez LEDOUX et TENRÉ, libraires, rue Pierre-
Sarrasin, n.° 8.

1818.

Cet opuscule, déjà publié dans le 18.e volume des Annales des Voyages, reparoît ici avec plusieurs changemens et des additions considérables. Une lettre écrite par l'auteur à M. Malte-Brun, et un itinéraire botanique, lui serviront de supplément.

VOYAGE

AGRICOLE, BOTANIQUE

ET PITTORESQUE,

DANS UNE PARTIE DES LANDES

DE LOT-ET-GARONNE,

ET DE CELLES DE LA GIRONDE.

Une petite tournée que j'avois faite dans nos Landes m'ayant inspiré le désir de mieux connoître cette intéressante contrée, je partis d'Agen avec le projet de la traverser de l'est à l'ouest dans toute son étendue ; c'est-à-dire depuis la rive gauche de la Garonne jusqu'à la mer.

Il seroit minutieux de s'arrêter à décrire les environs de ma ville natale ; il seroit superflu de parler de ses établissemens publics, de son commerce, de sa population : mais si

l'agriculteur ne peut jeter les yeux sur le territoire de cette commune sans remarquer
combien la culture y est négligée, les jachères multipliées, les avantages des prairies
artificielles méconnus, le botaniste qui parcourt rapidement la plaine n'y verra point
sans intérêt quelques plantes belles ou rares
dont il peut grossir ses moissons.

Dans le terrain formé par des alluvions,
et qui s'étend de la gauche du chemin de
Bordeaux jusqu'à la Garonne au-dessous
d'Agen, se trouvent l'onagre bisannuelle, le
céraiste aquatique, l'ansérine botryde, celle
du Mexique; la cardamine impatiente, l'ibé-
ride pinnée, et l'épilobe de montagne. Les
débordemens de la rivière ont déposé ces
plantes chez nous, comme ils ont apporté sans
doute, à deux lieues au-dessus d'Agen, la
chélidoine glauque ou pavot cornu, et plus
loin le *teucrium gnaphalodes* Valh, le *salix
incana* Schrank, qui croissent près d'Auvillars
sur les graviers de la Garonne. Des insectes
aussi nombreux que variés s'offrent à l'entomologiste dans ce terrain couvert de saules
et de prairies. Là se voit une mante encore
peu connue, voisine du *mantis pectinicornis*
et du *pauperata*; là sur-tout se trouve en
quantité le beau capricorne musqué, qui,

brillant d'or et d'azur, répand au loin le parfum de la rose : là se rencontre aussi le lucane-dorcas et le *carabus festivus*, que Panzer a décrits et figurés dans sa *Faune germanique*.

Les vallons rians et fertiles qui viennent s'ouvrir à la droite du voyageur, méritent ses regards, et le rétiendront quelque temps s'il est amant de Flore. Le premier de ces vallons offre, sur les bords du ruisseau qui le parcourt, ou sur le penchant des collines qui le resserrent, l'anémone renonculoïde, l'ornithogale des Pyrénées, l'euphorbe pourprée, l'aristoloche ronde, l'elléborine grandiflore, le grand satyrion, l'ophrys-nid-d'oiseau, et une multitude de belles orchidées. Ce vallon recèle aussi dans un de ses enfoncemens latéraux, non loin du domicile de *Scaliger*, une sauvage et délicieuse fontaine. Couronnée par des arbres touffus, surmontée de rochers escarpés, l'art y construisit un petit édifice, mais sans y altérer les traits de la nature. Là le peintre contemple les accidens pittoresques, les reflets des eaux, les rayons d'une vive lumière en opposition avec une sombre verdure : là le poëte sent ranimer sa verve, l'homme sensible rêve dans une douce mélancolie, tandis que le savant cherche l'ombre

du commentateur célèbre dans les bois d'a-
lentour.

Les autres vallons qui se présentent nourrissent dans leurs prairies l'ellébore vert, la
consoude tubéreuse ; sur le bord de leurs
champs cultivés, la centaurée galactite ; parmi
leurs moissons, la tulipe-œil-du-soleil et la
tulipe sylvestre ; sur leurs coteaux, l'anthéric
liliforme, la daphné lauréole, la mauve fas-
tigiée, la stéhéline douteuse, la cupidone
bleue, la coronille emerus, l'élégant liseron
des Cantabres.

Plus loin, près d'un village, la culture se
ranime et s'enrichit. La vigne, emblème de la
fécondité, s'y marie à l'ormeau, et décore
agréablement la grande route qu'elle ombrage.
Cet aspect a rappelé au voyageur anglais
Wraxall le passage suivant du sublime poëme
de Milton :

> Or they led wine
> To wed her elm; she round about him throws
> Her marrigeable arms; and with her brings
> Her dower, the adopted clusters, to adorn
> His barren leaves.

Je n'ai pas voulu priver de ces beaux vers
le lecteur qui connoît la langue du poëte.

A deux grandes lieues de distance, on
trouve le Port-Sainte-Marie, situé sur une

pente rapide, et dont une partie croula dans la Garonne il y a dix ans. Joseph Bandel, dominicain, évèque d'Agen, homme de lettres comme on l'étoit au seizième siècle, y fut enterré dans l'église des moines de son ordre. Cet évèque se rendit célèbre par ses *Nouvelles Galantes*, ouvrage aujourd'hui très-rare, acheté fort cher par les curieux : il y consigna la touchante histoire de *Roméo et Juliette*, qu'on retrouve dans les chefs-d'œuvre de Shakespeare, et que Ducis a transportée sur la scène française. L'église des dominicains du Port-Sainte-Marie est aujourd'hui devenue la très-magnifique écurie d'un petit et mauvais cabaret. Ici l'on voit toujours avec plaisir briller une étincelle d'industrie agricole. Les habitans non propriétaires afferment près de la ville des lambeaux de terre plus ou moins grands, selon leurs facultés : ils les cultivent avec soin, les couvrent d'engrais; ce sont autant de jardins toujours chargés de productions nouvelles. Pourquoi les Agenois n'imitent-ils pas cette industrie? Combien de familles, jadis occupées dans les manufactures de serges ou d'indiennes, sont oisives maintenant faute de travail! Lorsque leurs voisins vivent dans une lucrative activité, ils meurent dans une misérable inertie. L'indigence seroit-elle donc, pour certains hommes, un état de choix? On se distrait de cette idée en regardant les beaux vergers, les gais vignobles qui bordent la route, et qui couvrent au loin les coteaux ; leurs produits, celui de la culture du chanvre, et de divers légumes, portent l'aisance dans le pays : une grande partie de ces denrées descend à Bordeaux, et concourt à nourrir le commerce de cette grande ville, ou cette ville elle-même. L'agriculture, toujours ici plus honorée que dans les cantons voisins, fut autrefois l'objet d'une petite fête champêtre qui se répétoit chaque année devant l'église de Saint-Clair. Aujourd'hui non-seulement la fête ne se chôme plus, mais il ne reste aucun vestige de l'édifice suranné qui en perpétuoit la mémoire.

Sur les hauteurs des environs croissent la petite sauge et le lotier digité.

Trois quarts de lieue plus bas, on voit le roc de *Pine*, sur lequel s'aperçoivent à peu près les seules déclivités de notre pays qui, par leur escarpement, se dérobent à la culture. Le poëte Théophile, qui l'a chanté dans des vers maintenant oubliés, habitoit la maison de *Roger*, dont le jardin borde la grande route.

Vis-à-vis ce sommet, figure au nord celui

du *Pech de Bère*, où l'on trouve des *ostra-cites*, et dans lequel fut autrefois creusé un hermitage : ces deux coteaux, les plus élevés de la contrée, marquent de loin l'embouchure du Lot dans la Garonne.

Pour gagner les Landes, on traverse cette rivière au port de *Pasco*. Près du passage, quelques pans de murailles encore existantes annoncent que, dans les temps féodaux, un péage y fut établi.

Quel dommage qu'Arthur Young ne se soit point détourné vers ces lieux ! il nous auroit donné sur l'agriculture des Landes des notions qui manquent à ses voyages agricoles. Loin de moi la prétention de remplir aujourd'hui cette lacune ! une telle ambition ne sauroit me convenir ; d'ailleurs, d'autres objets m'occupent. Mais en voyant dans ces notes, prises au hasard, quelques traces de ce qu'auroit offert d'intéressant, au savant agronome, l'économie rurale et pastorale des Landes, on sentira ce qu'on a perdu à ce qu'il n'ait point parcouru cette contrée, qui, plus que beaucoup d'autres, réclamoit son attention.

Damazan, joliment situé loin de la rivière, sur une plaine haute, voit passer sous ses murs tout le bois, la résine, le goudron, le liége, la cire, exportés de la partie des

Landes qui l'avoisine. Ces productions vont se distribuer dans le département, ou descendent à Bordeaux pour alimenter le commerce maritime : elles arrivent au port de *Pasco* par une route tracée dans les Landes jusqu'à Mont-de-Marsan, et de là jusqu'à Bayonne.

La plaine de Damazan est d'une grande fertilité, à quelques espaces près, qui sont assez rares, où les cailloux semblent dominer. On y voit peu de jachères, quelques champs cultivés en trèfle, et des prairies naturelles couvertes de beaux bestiaux. En parcourant cette plaine, on regrette qu'elle soit aussi exposée aux inondations de la Garonne. Les levées construites sur la rive droite par les habitans d'Aiguillon, lui renvoient la masse des eaux dont elles détournent le cours, et changent la pente naturelle. Comment l'Etat a-t-il jamais pu entrer pour une partie des frais dans la construction de pareilles digues ? Lorsqu'elles ne sont pas continuées parallèlement, et sans interruption, ce que l'Etat peut gagner d'un côté, il le perd évidemment de l'autre par les ravages qu'elles occasionnent sur le bord opposé.

Derrière Damazan, les coteaux s'élèvent insensiblement, et sont revêtus de vignobles bien cultivés. Nous avons remarqué dans ces vignobles une pratique qu'il seroit avantageux d'imiter par-tout où des circonstances favorables pourroient s'y prêter. Leur terrain est en grande partie sablonneux : on y sème du lupin. Cette plante fleurit à l'époque des travaux ; elle est enfouie au pied de la vigne, et forme, sans frais de transport, un engrais dont l'utilité se prouve par l'expérience. Cette méthode devroit donc être suivie, du moins tentée, par-tout où la nature d'un sol analogue pourroit promettre les mêmes résultats ; elle est d'ailleurs très-ancienne. Palladius l'a mentionnée. *Hoc tempore*, dit-il, *si terra exilis in vinea est, et vinea ipsa miserior, tres vel quatuor lupini modios in jugero spargis, atque ita occabis. Quod ubi fructicaverit, evertitur, et optimum stercus præbet in vineis, quia lœtamen propter vini vitium non convenit inferre vinetis.* (Pallad. de re rust., lib. 9, tit. 2, August.)

A trois quarts de lieue de Damazan, on entre dans les sables et dans les bois de pins qui doivent nous conduire jusqu'à la mer. Ces bois, plus que tous les autres, offrent la sombre verdure, le vaste silence, d'où naît l'espèce de sensation qu'on est convenu d'appeler frayeur religieuse. Tout est majestueux, triste et sauvage dans ces grands bois. Le vent s'y

fait entendre d'une manière particulière : il
n'agite presque pas les feuilles dures, roides,
aiguillées des pins ; cependant il siffle, ou
murmure dans leurs cimes altières. Le souffle
le plus léger suffit pour produire ce dernier
effet, alors vraiment magique. Quelquefois,
vers l'heure de midi, dans les jours les plus
chauds de l'année, lorsqu'aucun vent ne semble
régner dans l'atmosphère, et que la nature
paroît ensevelie dans le repos, on entend le
zéphir insensible troubler seul ce silence so-
lennel par le frémissement qui marque son
passage dans les régions éthérées : ce murmure aérien est doux à l'oreille du voyageur
fatigué ; il porte dans son ame l'idée d'une
salutaire fraîcheur ; il calme le sang raréfié
dans ses veines lorsque l'ardeur du soleil, ré-
fléchie par les sables brûlans, concentrée par
l'abri des grands arbres, et s'élevant au plus
haut degré, devient intolérable.

Le botaniste s'oublie volontiers dans ces
bois entrecoupés de marais, d'espaces cultivés et d'arides friches. A l'ombre des arbres,
il trouve abondamment l'arénaire de montagne, les cistes en ombelle, à feuilles de
sauge, et l'alisoïde, l'anthéric à feuilles
planes ou bicolore, le genêt anglais, la lauréole odorante, le muguet multiflore. Dans

les marais, il recueille les deux espèces de nénuphar, le mouron délicat, l'ériophore, le choin marisque, le piment royal, la grassette de Lusitanie. Dans les moissons, il rencontre le sysimbre des Pyrénées. Plusieurs autres plantes intéressantes s'offrent à lui dans les pâturages incultes; il y distingue l'anémone pulsatile, la pédiculaire sylvestre et la bruyère ciliée. Les plus rares sont l'alchimille des Alpes, la scille à deux feuilles, et la saxifrage à feuilles de *geum*. Le bouleau, par la blancheur de son écorce et son port mélancolique, fixe de loin l'attention dans ces lieux sauvages, dont il détruit la monotonie et augmente l'intérêt.

Le bec croisé, *loxia curvi-rostra*; la petite épeiche, *picus varius minor*, se trouvent dans ces bois, où l'on voit aussi quelquefois le *strix bubo*, que Buffon, plus en rhéteur qu'en naturaliste, nomme l'aigle de la nuit. Le bihoreau, *ardea nycticorax*; le butor, *ardea butaurus*; le chevalier aux jambes rouges, *scolopax gambetta*, s'observent fréquemment dans les marais, ainsi que le grand pluvier, *charadrius œdicnemus*; le courlis, *scolopax arcuata*; le vanneau, *tringa vanellus*, dans les Landes incultes.

L'écureuil, *sciurus vulgaris*, abonde dans

les bois de pins, dont les semences lui servent de nourriture. Ce petit quadrupède, si adroit, si léger, n'est point sauvage, et quelquefois se laisse approcher de très-près. Nous l'avons vu tomber sous le bâton d'une vieille femme.

L'observateur trouve dans ces contrées des traces d'industrie agricole qui le surprennent. Un sable presque pur est l'unique sol auquel l'habitant des Landes peut confier les grains qui le nourrissent. Le seigle est semé sur le sable couvert d'engrais. A peine a-t-il acquis quelques pouces de haut dans le printemps, que le panis est répandu sur le même local ; il y germe, il y végète sans nuire au seigle. Tandis que celui-ci s'élève, des cultivateurs, munis d'un outil de fer à manche court, passent dans les sillons, qu'ils creusent en rechaussant le panis. Après la moisson du seigle, ce panis croît en liberté, et l'on voit le même sable produire deux récoltes, la même année, en grains différens, sans avoir exigé les travaux d'une nouvelle culture.

Si, d'après ce premier aperçu, on se faisoit une idée avantageuse de l'intelligence des habitans de ces contrées, si on leur croyoit l'esprit judicieux et juste, on seroit dans une grande erreur. Quoiqu'ils paroissent d'abord industrieux à certains égards, obligeans envers

Habitants des Landes.

les étrangers, sobres dans leurs repas, il est
fâcheux que mieux connus ils ne méritent sous
ces rapports aucun éloge, il est malheureux
qu'ils ne soient industrieux que par routine,
hospitaliers que par intérêt, et sobres que par
avarice. On ne peut sans doute leur refuser de
la finesse et même de l'esprit ; mais chez eux
la finesse dégénère en fourberie et l'esprit en
perversité. Très-bornés dans leurs facultés in-
tellectuelles, pour tout ce qui ne flatte pas
leurs penchans, ils sont d'ailleurs crédules et
superstitieux à l'excès, croient aux sorciers, et
se laissent conduire aveuglément par les char-
latans de toutes couleurs dont leur pays abonde.
On les dit aussi très-opiniâtres. Une seule
qualité peut-être les recommande, c'est leur
attachement pour la stérile et triste contrée
qui les a vu naître. Ce sentiment dure autant
que leur vie, et s'ils sont arrachés de leurs
foyers par quelque force majeure, ils meurent
bientôt de douleur et de regret. Leur physique
annonce la foiblesse ; ils sont presque tous
petits et maigres, ont le teint livide et plombé ;
cependant ils supportent, ils bravent même
impunément l'inclémence d'un climat pestil-
lentiel, et qui passe des rigueurs de l'hiver à
celles de l'été, par des transitions subites. Ils
ont l'habitude de bivouaquer dans les longs

voyages qu'ils font pour le transport de leurs
denrées, quoiqu'il leur soit souvent facile de
se procurer pour la nuit des abris commodes et
de bons logemens. Leurs usages dérogent en
général à ceux qui se pratiquent dans les con‑
trées voisines, et marquent sensiblement par
l'astuce et l'avarice qui forment le fond de leur
caractère. Je mentionnerai à cet égard une
foire qui se tient à Lubon, où ils trafiquent
uniquement des sonnettes qu'ils suspendent au
cou de leurs bestiaux. Résolus de se tromper
mutuellement, ils ne se rendent à cette foire
que la nuit. Au milieu des ténèbres et jusqu'au
point du jour, ils vendent, ils échangent leurs
sonnettes qui retentissent dans toutes les par‑
ties de la foire aux oreilles des acheteurs. Celles
sur-tout qui sont fêlées, et c'est toujours le
plus grand nombre, sont les plus bruyantes.
Ils ont l'art de les racommoder momentané‑
ment, et de les agiter avec précaution. Les
plus fins, comme les moins connoisseurs, sont
également dupés dans ces transactions noctur‑
nes, et ne s'aperçoivent qu'au retour de
l'aurore des mauvais marchés qu'ils ont faits.
D'une certaine distance, ce bruit confus et
continuel de clochettes rappèle l'île sonnante
de Rabelais. Un usage plus bisarre encore est
celui qui se pratique dans certaines parties des

Landes, lors du mariage de leurs habitans.
Quelques jours avant celui des nôces, la future
avec sa meilleure amie, qui porte alors le nom
de *première Donzelle*, va chez tous ses parens,
chez tous ses voisins. La compagne porte la
parole : *Dats caucumet*, dit-elle, *à la praubo
nobi que se bay ha acazzhourri*; à quoi la future
ajoute : *ho bé, se Diu plats* (oui, s'il plaît à
Dieu.) Cet usage cependant commence à se
perdre dans nos petites Landes; mais plus loin,
où la civilisation n'a point encore suffisamment
pénétré, aucune fille ne se marie sans notifier
ainsi à ses proches sa parfaite résignation, et
sans réclamer de leur part une petite étrenne.
Quel que soit le véritable objet de cette quête
singulière, à laquelle un cynique enjouement
paroît présider, on doit être surpris que le mot
le plus marquant de la formule employée par
la donzelle, semble dériver de la langue italienne. Sans me permettre ici de traduire ce
mot étrange, ni d'insister sur son étymologie,
je reprends la suite de mes observations.

Les bestiaux ne sont point enfermés dans
des granges : rassemblés dans une espèce de
parc, ou d'enceinte plus ou moins spacieuse,
ils s'y promènent librement, et se retirent sous
un hangar qui les met à l'abri des rigueurs de
la saison. La manière dont on donne la nour-

riture aux bœufs est singulière ; il n'y a point
de crèche dans le parc ; la rareté des fourrages
y commande des moyens plus économiques.
Deux forts piliers de bois équarris sont pro-
fondément enfoncés dans la terre ; une traverse
fixe les réunit à une certaine élévation ; une
autre traverse mobile, et parallèle à la première, est disposée plus haut : la tête de l'a-
nimal, passée sur la traverse inférieure, est
enclavée par la supérieure, et se trouve assu-
jettie comme dans une espèce d'étau. Invinci-
blement retenu, il reçoit alors la nourriture
qu'on lui sert petit à petit, sans déchet, et
sans la moindre perte, si ce n'est celle du
temps qu'on dépense, et qu'on perd en raison
de l'économie du fourrage. La litière, qu'on
prodigue dans les étables découvertes, ainsi
qu'autour des maisons, est ramassée dans la
Lande, et composée des cinq espèces de bruyères qu'on y rencontre : la vulgaire, la cendrée,
celle à balais, la tétralix et la ciliée, belle
espèce, qu'on voudroit bien pouvoir aisément
cultiver chez nous dans les jardins.

Les bruyères, dont on sait que la fleur est
recherchée par les abeilles, ont donné lieu,
dans les Landes, à la multiplication de cet
utile insecte. En parcourant les bois, on trouve
de temps en temps, dans leurs clarières, des

enceintes

enceintes de fascines remplies de ruches figu-
rées en pyramides. Ces pyramides isolées
ressemblent de loin à des cippes grossiers qui
reposent sur des tombeaux ; et le voyageur,
en les rencontrant au milieu de la solitude et
du silence, croit toucher aux *morais* des in-
sulaires de la mer du Sud. Ces tristes amas de
ruches ont reçu le nom d'*apiers*, mot d'origine
évidemment latine. Ils sont moins nombreux et
plus négligés depuis la révolution. Comment,
dans un tel pays, peut-on cesser d'être l'ami
des abeilles !

Dans la commune de *Boussés*, on voit un
petit édifice presque ruiné, qui servoit, dit-on,
de rendez-vous de chasse au quatrième des
Henri, lorsqu'il faisoit son séjour à Nérac,
dont il parcouroit souvent les environs avec
sa cour galante et guerrière. Cet édifice est
inabordable aujourd'hui, à cause des marais
bourbeux qui l'isolent. Les restes d'un ancien
château, nommé la *Tour d'Avance*, dans la
commune de Fargues, offrent un coup d'œil
pittoresque à travers les bouleaux et les autres
grands arbres qui l'environnent. Un autre
petit château, celui de *Capchicot*, paroît
dans le lointain. Si l'on en croit les échos
de Cythère, le même Henri IV y commença

et y termina lestement plus d'une joyeuse aventure.

Princes et rois vont très-vîte en amour.

Le marteau de la porte du château a déposé, dit-on, jusqu'à nos jours, par sa forme singulière, du genre de gaieté qui présidoit à ces ébats furtifs. Dans le canton de *Houeillés*, la tourbe, qui compose partout la seule terre solide, s'est enflammée et brûle spontanément au-delà du Ciron. Pour peu qu'on l'agite, la combustion se ravive, et le foyer de l'incendie s'agrandit. J'ignore si cet embrasement est depuis long-temps en activité; mais il peut continuer sans inconvénient dans un pareil désert, où sans doute il finira par s'éteindre de lui-même. Les eaux du Ciron, couleur de café, baignant ici des rivages de sable d'une blancheur éclatante, forment l'un des plus bizarres et des plus singuliers contrastes qui puissent frapper les yeux. On trouve aussi dans le canton de Houeillés une mine de fer limoneuse très-pauvre, dont les fragmens sont dispersés à la surface du sol, et qui n'y paroît pas abondante. Sur le territoire d'un canton voisin, la rivière d'Avance se perd tout à coup dans les sables, et ne reparoît qu'un quart de lieue plus bas. Près de l'étang de Bugarrat, com-

mune de Fargues, de grandes *ostracites* ré-
pandues sur le sable indiquent un banc de ces
coquilles, de la direction duquel je n'ai pu
m'assurer, mais qui se lie peut-être avec ceux
que j'ai observés entre Agen et Clairac, et sur
le Pech de Bère. Tels sont les seuls objets qui
m'aient paru remarquables dans cette partie du
département de Lot et Garonne.

Pour entrer dans celui de la Gironde, et
gagner les Landes de Bordeaux par la voie la
plus courte, nous revenons sur nos pas.

Près *Fargues* et *Coutures*, on peut cueillir,
sur le bord du chemin, la véronique teucriéte.
Entre ce dernier village et Castel-Jaloux, on
rencontre dans les bois, près l'écoulement d'un
étang, les ruines récentes d'un moulin construit à grands frais. Le jour même, dit-on, qu'il
recevoit pour la première fois l'eau dans ses
trompes, il s'écrasa sur ses fondemens. Ainsi
périt, dans tel genre que ce soit, tout ce que
l'homme inconsidéré veut élever sur le sable
ruineux et mobile. Une partie de l'édifice est
encore suspendue dans les airs, les eaux coulent en cascades sur les débris de la digue ren-
versée, un bois de pins sombre et sauvage en-
cadre la scène; elle est digne d'exercer le crayon
d'un dessinateur.

Castel-Jaloux, autrefois chef-lieu de district,

plus anciennement siége d'un sénéchal, est une jolie petite ville bâtie sur une de ces îles de terre qui se rencontrent dans l'océan sablonneux des Landes, et qui sont toujours d'une grande fertilité. La rivière d'Avance baigne les murs de Castel-Jaloux, et, d'un cours précipité, va porter le mouvement et la vie à deux manufactures de papier dont la réputation est méritée. Cette rivière est rapide, le volume de ses eaux paroît considérable ; on s'étonne qu'il n'ait point encore été sérieusement question de la rendre navigable. Avant d'entrer dans la ville, on voit, sur les bords de l'Avance, les restes de l'ancien château des sires d'Albret : ils produisent un effet pittoresque. Le château étoit autrefois, dit-on, bâti sur les deux rives. Ses cuisines, ajoute-t-on, avoient exactement la forme d'une paire de culottes : on y remarquoit des tourelles en guise de poches et de goussets ; la place des gros boutons n'y étoit pas même oubliée. Cette singulière structure, qui portoit le nom de *Culotte de Gargantua*, n'existe plus ; depuis quarante ans environ elle a croulé par l'inconsidération d'un fondeur de cloches qui y avoit établi son atelier.

Castel-Jaloux paroît occuper le lieu désigné par le nom de *Tres Arbores*, dans la carte des Gaules, sous l'empire romain. Selon une tradition populaire, il doit son nom à la jalousie d'un de ses anciens seigneurs dont la femme étoit jolie et courtisée par un autre seigneur, celui de la Bastide, habitant d'un château voisin. On allègue comme une preuve de ce fait l'épithète de Castel-Amouroux, qui, dans les anciens actes, accompagne toujours le nom du château de la Bastide, situé à une lieue de distance sur la hauteur.

La maison que possédoit à Castel-Jaloux la branche des Montesquiou-Xaintrailles renfermoit, il y a quelques années, les bustes en pierre de plusieurs membres de cette illustre famille. Ces bustes, jusqu'alors bien conservés, dit-on, furent mutilés par les brigands de la révolution. Que de pertes irréparables en ce genre ne doit-on pas à la rage imbécille de ces iconoclastes modernes !

Sur la rive opposée aux ruines de l'antique château, se trouve en abondance la grande variété de la fontinale antipyrétique. Plus à l'est, on exploite quelques chènes liégiers, qu'on nomme ici *suriers*, du mot latin *suber* sans doute. Je ne puis voir sans intérèt cet arbre trop peu commun, dont l'écorce est appropriée sous tant de rapports à l'usage de l'homme. A combien d'emplois domestiques n'est-elle pas utile ! à combien d'arts n'est-elle pas inpensable ! Aussi nécessaire à l'entretien de la santé que propre a multiplier nos jouissances, elle prend presque toutes les formes pour s'appliquer à presque tous les besoins, et conserve même notre vie sur les eaux. Un tel arbre devroit être plus cultivé par-tout où le climat et le sol lui sont favorables : tout le recommande dans les Landes aux spéculations des propriétaires.

Sur le chemin de Castel-Jaloux à Grignols, les bois continuent : ce sont des taillis de chènes, quelquefois prolongés à perte de vue, ou de noires forêts de pins qui se lient à des forêts plus éloignées. Les champs cultivés en seigle et en panis sont parsemés d'énormes châtaigniers, qui ne paroissent pas nuire sensiblement à cette double récolte.

Après avoir quitté le territoire de Castel-Jaloux, le terrain s'élève considérablement, mais par une pente à peine sensible. On voit à gauche, dans un grand éloignement, des plateaux d'une hauteur remarquable : ils paroissent nus, ou présentent çà et là des bouquets isolés de bois de pins ; ce sont les avenues des grandes landes. Ce coup d'œil anticipé n'échauffe pas l'imagination, mais il nous prévient sur la nature du pays que nous allons traverser. C'est d'abord une curiosité machinale ; bientôt

l'intérèt nous attache à cette perspective éloignée dans laquelle nous cherchons l'avenir.

Entre Castel-Jaloux et Grignols se trouvent
les limites du département de Lot-et-Garonne.
Grignols, dans celui de la Gironde, est bien
bâti, a l'air de l'aisance et du commerce : on
croit y sentir par-tout l'influence de Bordeaux.
A peu de distance de ce village, à gauche,
sur la route de Bazas, j'ai cueilli dans un
taillis de chênes l'arnique de montagne, que
les botanistes bordelais ne savent peut-être
pas exister dans le domaine de leur flore.
L'anthéric bicolor, dont j'ai déjà parlé, se
rencontre aussi fréquemment dans ces bois
avec une foule d'autres plantes.

Bazas, sur une colline, environné par des
collines, est à la fois mal situé, mal bâti,
mal pavé. Ce fut le chef-lieu des *Vasates*,
nation gauloise, dont on a dit très-peu de
chose, et dont on ne parle plus. Comme
toutes les villes de la Guyenne, celle-ci
voulut jouer un petit rôle dans les guerres
qui désolèrent cette province lorsqu'elle ap-
partenoit aux Anglais. La dernière ten-
tative qu'elle fit en ce genre, en 1423,
ne fut pas heureuse. Bazas tenoit alors pour
la France, et leva une armée contre Bordeaux. Par malheur, les Bordelais traitèrent

sérieusement cette affaire : ils marchèrent
contre Bazas, firent des processions, implo-
rèrent l'assistance céleste sous la protection
de Saint-Michel ; les braves Bazadois furent
battus, leur ville prise, et la guerre terminée. A gauche, en sortant de la ville, on
passe devant l'ancien séminaire, grand bâtiment en désordre, les vitres cassées ! l'air
de la désolation ! Sans doute, aux jours de la
terreur qui pesa sur la France, il a servi de
lieu de réclusion.

De Bazas on s'enfonce tout de bon dans
les Landes, en prenant un guide pour *Villandraut*. Nulle part, peut-être, un guide
n'est plus nécessaire : les chemins, ou plutôt
les sentiers, dirigés à travers les bruyères et
les bois, représentent les détours d'un vaste
labyrinthe. Après avoir suivi l'espace d'un
quart de lieue la route qui conduit à Langon,
on entre dans ce dédale, qu'on n'abandonne
plus que sur le bord du Ciron, dont il faut
traverser les eaux bourbeuses en arrivant à
Villandraut. Dans ce village, un antique château, dont les donjons démantelés dominent
au loin les forêts, attire la première attention
du voyageur. Ce château, dans sa décrépitude,
est imposant et magnifique. La partie qui
regarde le village est flanquée de quatre

grosses tours de la plus large dimension ;
elles ont encore l'air de commander la sou-
mission et le respect. Deux autres tours, du
même diamètre, de la même élévation, défendent la face opposée, qui se réunit à la première par deux corps de bâtimens parallèles,
et forme un carré parfait. Le dessus des murs
est d'une telle épaisseur, qu'un carrosse y
rouleroit, y tourneroit peut-être avec facilité.
Nous nous promenâmes sur ces murs ; nous
montâmes au sommet des tours, d'où nous
découvrîmes une immense étendue de forêts,
et d'où nous vîmes les Landes prolonger à perte
de vue leur triste nudité. Ramenant ensuite
les regards dans l'intérieur de l'édifice, nous
y cherchions, avec ce singulier intérêt qu'on
ne sauroit rendre, les traces des anciennes
générations qui l'avoient habité. Nous inter-
rogions, pour ainsi dire, ses murs encore
couverts de vieilles peintures, ses voûtes
chargées de gothiques sculptures, sur les
événemens dont ils avoient été témoins. Dans
les temps féodaux, déjà si loin de nous, dans
ces temps à la fois si barbares, si galans et
si poétiques, que de combats, que de traités
de paix, que de fêtes ce château n'avoit-il
pas vu, sans doute, se renouveler dans son
enceinte ! Notre imagination exaltée nous

montroit les guerriers , les gentes damoiselles qui vivoient dans cet antique manoir, et les nains *aux cors d'argent* , dans les créneaux ou dans les machicoulis qui défendoient les portes. Nous marquions du doigt, ici le logement du seigneur châtelain , là celui de l'aumônier ; sous cette voûte étoit la prison ; sous celle-là , la chapelle ; à droite , la salle du conseil ; à gauche, l'immense galerie des festins ; plus loin, le logement des soldats. Nous entendions les cris d'alarme, les chants de la victoire et le cliquetis des tournois. Les virelais , les romances , les contes du vieux temps , jadis répétés dans ces murs, retentissoient à notre oreille. Il nous sembloit assister à toutes les scènes d'horreur , de superstition, de courtoisie ou d'amour dont ces places d'armes , ces voûtes prolongées, ces vastes salles, ces sombres et silencieux réduits avoient été le théâtre. Par l'effet du temps et des révolutions, le chevaleresque édifice est devenu solitaire ; il n'offre presque plus aujourd'hui que des ruines ; il n'est plus fréquenté que par l'effraie , par le hibou , dont les cris sinistres épouvantent le village ; mais il n'a rien perdu de son intérêt aux yeux d'un curieux observateur. Son aspect romantique s'augmente chaque jour avec les grands arbres que la nature fait croître lentement dans les fossés qui l'environnent. Ces arbres ont plus de cent pieds de haut ; la grosseur de leur tige et l'épaisseur de leur feuillage semblent ajouter une suite de siècles à l'antiquité de la forteresse, et cependant ils sont encore bien loin d'atteindre le sommet de ses murailles, quoique révolutionnairement dépouillées de leurs insolens créneaux.

Dans des temps postérieurs à ceux des paladins, plus barbares et plus malheureux peut-être, en 1592, lorsque la France divisée étoit en proie aux guerres civiles, ce château, selon Delurbe, dans sa Chronique bordelaise, assiégé par le maréchal de Matignon, et tenu par les ligueurs, capitula après avoir essuyé mille deux cent soixante coups de canon, bien comptés sans doute.

Quoi qu'il en soit, le château de Villandraut fut la propriété de Bertrand de Goth, ou de Gouth, qui y naquit, et qui, dit-on, le fit reconstruire ou réparer. Evêque de Comminges, puis archevêque de Bordeaux, puis pape sous le nom de Clément V, Bertrand concourut à la destruction de l'ordre des templiers, transporta le siége pontifical de Rome à Avignon, et mourut en se faisant transporter lui-même en Guyenne pour rétablir sa santé. Son corps fut inhumé à Uzeste, gros bourg voisin de Villandraut, et dans l'église duquel il avoit institué un chapitre collégial composé d'un doyen et de huit chanoines. Cette église possédoit une chape de Clément, qui procuroit aux femmes en couches une heureuse et prompte délivrance ; il est malheureux qu'elle se soit égarée pendant la révolution. On a aussi beaucoup parlé d'une certaine Brunissende. Mais laissons là Bertrand de Goth ; nous n'écrivons pas son histoire.

Selon Beaurein, dans ses Variétés bordelaises, tom. 6, pag. 60, quelques bulles de Clément V sont datées de Villandraut. On y voit encore l'église du chapitre que ce pape y avoit fondé. Comme celui d'Uzeste, il avoit un doyen et huit chanoines.

Un assez beau pont sur le Ciron facilitoit jadis l'abord de ce village ; mais la chute de ses arches ayant laissé ses piles isolées, elles ont été réunies par des pièces de bois foibles et vacillantes. Ce pont, aujourd'hui dangereux pour les gens à pied, est nul pour les chevaux, à plus forte raison pour les voitures ; voitures et chevaux traversent donc la rivière, au risque d'être submergés dans les crues d'eau, qui sont subites, fréquentes et désastreuses.

Les forêts des environs s'exploitent au profit
dé Bordeaux. Echalas, bûches, fagots, poutres, planches de pin, descendent continuellement sur des radeaux. Gouffre immense dont
la sphère d'attraction s'étend à vingt lieues
de rayon, cette ville épuise, à cette distance
au moins, tous les produits de l'industrie, et
dévore tous ceux de la nature.

N'oublions point un grand étang qui fournit
de l'eau à un moulin de plusieurs meules.
Près du village, on peut recueillir, avec les
plantes communes dans les Landes, l'*anthemis
altissima*. J'ai vu pareillement le *lychnis
sylvestris*, à fleurs d'un pourpre foncé, et la
cynoglosse officinale, si rare dans nos cantons,
où elle est remplacée par la cynoglosse à fleur
rayée.

Ayant quitté Villandraut, nous avons marché, ou plutôt erré pendant cinq heures dans
les bois, où notre guide s'est souvent égaré
dans les petits sentiers, dont les détours met-
toient à chaque instant son expérience en
défaut. J'ai observé le *cytinus hypocistis* dans
ces bois, où nous avons rencontré des coupes
exploitées pour la consommation de Bordeaux.
Ces espaces, dénués d'arbres, étoient trans-
formés en vastes chantiers, où s'élevoient des
piles de planches, de bûches, de fagots, qui

n'attendoient que le moment de leur expédition prochaine. Ici, le cri des scies, le bruit
des haches, les voix des bûcherons, nous
retiroient de l'assoupissante rèverie où nous
plongeoit insensiblement le voyage dans la
forèt. Par-tout ailleurs le plus profond silence
nous environnoit, et le bruit du résinier solitaire, qui fait retentir les pins d'un coup sec
et répété, frappoit seul de temps en temps
notre oreille. On nomme résiniers, nous le
dirons en passant, des hommes qui taillent
les pins pour l'extraction de la résine. Munis
d'une petite hache, et d'une longue perche
qui leur sert d'échelle, ils parcourent sans
cesse les bois, soit pour faire des entailles aux
jeunes arbres, soit pour rafraîchir ou renouveler celles des arbres qui sont en rapport.
Lorsque nous nous étions perdus dans la forèt,
c'étoit notre unique ressource, et la seule
boussole que nous pussions consulter. Enfin,
après avoir plusieurs fois changé la direction
de notre route ; après avoir observé la situation du soleil à plusieurs reprises ; après avoir
mème, à notre tour, guidé notre guide, nous
rencontrâmes, au milieu d'une prairie ombragée par des chènes vénérables, le joli village
de *Saint-Léger.*

Ce village, construit en bois, environné de

hangars , semble ici placé comme' ces édifices qui, dans l'Orient , reçoivent sous leur toit hospitalier les caravanes fatiguées. Son seul aspect rafraîchit et repose. Chaque année, le jour de Saint-Léger sans doute , il est le rendez-vous général des habitans des landes voisines : là, les familles, les amis éloignés se retrouvent ; là, parmi les danses et les jeux, se concluent les marchés, s'arrêtent les mariages; le propriétaire, le fermier, s'arrangent avec leurs ouvriers, avec leurs domestiques; ceux-ci reçoivent le salaire de leur travail, et le versent à l'instant dans les mains des petits marchands, dont les ballots sont étalés sur l'herbe. La joie de la jeunesse , le contentement de l'âge mûr, la satisfaction de la vieillesse, éclatent partout ; partout des ames épanouies recueillent et répandent le bonheur, que la religion semble consacrer dans cette fête champêtre. Qui pourroit s'élever en qualité de philosophe contre le motif ou le prétexte de ces rassemblemens, d'abord religieux, ensuite politiques et commerciaux ? Dans cette contrée sur-tout, où les hommes vivent à une si grande distance, c'est un besoin , c'est une indispensable nécessité de se voir, de se connoître , de s'aimer, et d'établir les rapports qui sont mutuellement utiles. L'un des bien-

faits les plus signalés de la religion est donc
ici de réunir solennellement sous ses auspices
des familles de pasteurs et de cultivateurs,
qu'aucun intérêt, qu'aucune relation de voisinage ne rapproche. Quelle autre réunion
pourroit d'ailleurs offrir les mêmes avantages ?
En est-il qui, par sa nature, doive être plus
complète, plus fraternelle, plus efficace pour
les bonnes mœurs ? Quel eût été le sort de l'espèce humaine dans les Landes, si l'affreux
système d'athéisme, récemment prêché par
des monstres, avoit prévalu ? Bientôt, peut-
être, dans ces contrées, les hommes, éloignés
les uns des autres, manquant d'occasions fréquentes de se rassembler, auroient oublié les
devoirs de la société, et seroient redevenus
des tigres.

Après avoir quitté Saint-Léger, nous ren-
trâmes dans les bois. J'herborisai. Le soir
arriva ; nous allions nous égarer encore,
lorsqu'une horloge se fit entendre, et nous
avertit que nous touchions le village de Saint-
Symphorien. Il étoit, en effet, à deux pas
de nous, caché derrière de grands arbres. Nous
y arrivâmes avant la nuit, en traversant la
rivière, ou plutôt le ruisseau de Hure, qui va
se perdre dans le Ciron.

Saint-Symphorien, comme Villandraut,
comme

comme Saint-Léger, comme tous les villages
de cette partie des Landes, est enseveli dans
les bois. Comme eux encore, il est habité
par l'aisance que l'industrie et le commerce
y appellent, et qu'y fixe l'économie. Rien ne
contribue davantage à donner à ces villages
l'air de prospérité qui les distingue des nôtres,
que la clôture des propriétés rurales et des
jardins. Tous les champs, toutes les prairies,
les plus petits lambeaux de terre aux environs, sont entourés de palissades propres et
bien entretenues, qui préviennent les dommages et les contestations ; c'est la première
condition d'une agriculture bien entendue.

On voit à Saint-Symphorien les ruines
d'une verrerie où l'on fabriquoit du verre
blanc assez joli. Abandonnée, depuis quelques
années, à cause de l'augmentation progressive
du prix des combustibles, elle a été transportée plus avant dans les Landes pour l'é-
loigner davantage de l'influence de Bordeaux.
Quel pays peut être plus convenable à ces
sortes d'établissemens ! le bois, le sable, la
fougère, y sont par-tout à pied d'œuvre.

On marche quelque temps dans les *pinadas*
et les taillis de chênes, en quittant Saint-
Symphorien ; on entre ensuite dans la bruyère
des Landes, et l'on gagne en montant tou-

jours la commune de *Tusan.* Cette commune, située dans les sables des Landes, comme les *oasis* au milieu de ceux de l'Afrique, offre des champs cultivés en seigle d'une rare beauté, et d'autres remplis de superbes légumes. On y voit d'assez grands arbres fruitiers, vrais enfans de l'industrie, qui créa seule, peut-être, jusqu'à la terre qui les nourrit. Cet air de culture réjouit lorsqu'on vient de parcourir, comme nous, tant de bois et de landes stériles. Bientôt, cependant, nous rentrons dans ces landes, ces immenses landes, ces landes à perte de vue, où rien ne repose les yeux, si ce n'est la bruyère, où rien ne les fixe au loin, si ce ne sont quelques troupeaux décharnés, conduits par des bergers à demi sauvages. Affublés de peaux d'agneaux, la laine en dehors, coiffés d'un *berret* brun, ces bergers portent le manteau des moines de la Thébaïde ou de la Haute-Égypte, et la toque des anciens Grecs. Le manteau, car c'est absolument le même, reçut d'abord le nom de Μηλωτης, parce qu'il fut fabriqué avec la dépouille du blaireau. On en fit aussi de peau de bouc (ils devoient être parfumés), de peau de chèvre et de brebis, auxquels on conserva, même en français, le nom de *mélote;* voyez ce mot dans

Costume des — Landais en hiver et en temps de Pluie.

le Glossaire de Ducange. On appelle aussi,
je ne sais pourquoi, cette sale pelisse le
manteau de Charlemagne. Ce qu'il y a de sûr,
c'est qu'elle étoit celui de saint Jean-Baptiste
dans le désert, et peut-être encore celui dont
se défit Elie en faveur de ses disciples. Le
berret est une coiffure, je le disois à l'instant,
d'origine grecque; voyez Caylus, *Rec. d'Ant.*,
tom. IV, pag. 7, des corrections et additions
pour le premier volume. Il vint, sans doute,
avec les Phéniciens en Biscaye, où leurs descendans, connus sous le nom de Basques, le
portent encore aujourd'hui, et d'où il a passé
chez les Béarnais, les habitans des Landes
et de quelques parties des Pyrénées. C'étoit,
sans doute, dit Caylus, ce chapeau de Thes-
salie dont Caligula permit au peuple romain
de se couvrir dans l'amphithéâtre. Mais ce
qu'il y a de singulier, c'est qu'il ait été re-
trouvé par nos militaires en Pologne, où il
avoit été, selon eux, apporté par les Russes,
et que la cavalerie légère de la grande armée
se soit généralement coiffée de ce *berret*, en
guise de *bonnet de police.* Voilà donc cette
toque d'une simple étoffe de laine, qui tient
à peine sur la tête, qui ne garantit, à la rigueur, ni du froid, ni du chaud, ni de la
pluie, usitée cependant depuis les temps

antiques jusqu'à nos jours , et maintenant ré-
pandue dans presque toutes les contrées de
l'Europe. On ne conçoit pas plus la faveur
dont a toujours joui cette espèce de coiffure,
que l'inexplicable fortune de certaines gens.
Quoi qu'il en soit , un homme ainsi vêtu ,
monté sur de hautes échasses , faisant des
enjambées de sept à huit pieds , forme une
figure très-remarquable. Excepté ces bergers,
qui portent l'uniforme de leurs troupeaux ,
rien n'animoit pour nous ce paysage triste et
monotone , que le chant de la spipolète légère
qui se balançoit au-dessus de nos têtes. Le
ramage doux et flûté de cette espèce d'a-
louette, je ne puis me dispenser de l'observer
ici , produisoit une illusion d'acoustique bien
singulière. Il frappoit notre oreille sans qu'il
nous fût possible d'assigner la distance de
laquelle il étoit entendu. Le plus souvent il
nous sembloit très-éloigné , lorsqu'il ne s'éle-
voit cependant qu'à deux pas de nous dans
la bruyère. La spipolète est-elle donc une sorte
de ventriloque ou de *gastromèle*, dans l'ordre
des oiseaux ? ou bien ce prestige étoit-il dû
à quelque combinaison fortuite des circonstances locales ? Tenoit-il à une disposition
particulière de l'atmosphère , à la vaste étendue de la plaine dénuée de toute espèce d'ar-

bres, ou au silence absolu qui régnoit et sur la terre et dans les airs ? Je ne sais ; mais cette illusion, quelle qu'en soit la cause, ne peut être mise en question : elle est attestée par tous ceux qui fréquentent les grandes landes ; il ne s'agit que de l'expliquer. Au surplus, un mois, un mois encore, et ces lieux, maintenant si solitaires, deviendront moins déserts. Les vaches qui paissent à présent dans les taillis, chassées bientôt par la piqûre atroce d'un insecte ailé, que je n'ai point eu l'occasion d'observer, viendront au moins occuper les Landes, où elles resteront six mois exposées à toutes les injures de l'air. Cet insecte, sans doute du genre de l'asile, ou du taon, et qui rappelle le *zim* des Arabes, se tient constamment dans les bois, tandis que ce dernier n'abandonne jamais les lieux découverts, et que les animaux fuient dans les bois pour se dérober à son aiguillon redoutable.

Cependant, nous montons toujours insensiblement en nous dirigeant vers l'ouest, et toujours nous voyons devant nous des landes plus élevées. Les géographes auroient-ils fait de ce long talus, de cette élévation graduée, cette chaine de montagnes qu'on trouve ordinairement figurée dans la carte de la partie

des Landes où nous sommes parvenus ? Non-
seulement aucune montagne, mais nulle suite
de collines détachées ne s'offre à nos yeux,
de quelque côté que nous portions nos regards ; et cependant nous sommes bien certainement arrivés sur le terrain où elles devroient se manifester, si leur existence n'étoit
pas supposée. Le pays s'élève sans doute
beaucoup depuis Bazas, depuis la vallée de
la Garonne, mais il s'élève insensiblement ;
c'est un dos d'âne, une espèce de plateau
exhaussé, comme celui de la Grande-Tartarie,
et l'on y chercheroit en vain une déclivité
tant soit peu prononcée ; rien n'y ressemble
absolument à une chaîne de montagnes, rien
n'a même l'apparence du plus petit coteau.
Une lieue plus loin, près du village de Hostens, nous nous trouvons sur la ligne où
s'opère le partage des eaux : à l'est, elles
coulent dans la Garonne, où elles se rendent par
le Ciron, à l'ouest, elles s'épanchent vers la
mer par la rivière de Leyre, qui les transmet
dans le bassin d'Arcachon. Ces prétendues montagnes n'existent donc que dans les mauvaises
cartes des Landes, puisque nous avons occupé
le lieu où leur sommet devoit être placé, et
que les eaux se séparoient sous nos yeux en suivant la pente naturelle qui leur étoit offerte.

Il est cependant très-remarquable qu'en suivant le sommet de ce dos d'âne, puis celui des coteaux auxquels il se lie au sud, ensuite la crète des montagnes dont ces coteaux ne sont que les ramifications inférieures, on puisse parvenir de l'embouchure de la Garonne jusqu'à sa source dans les Hautes-Pyrénées, sans traverser une seule rivière, ni même le plus petit ruisseau. Qu'on parte, en effet, de la pointe de Grave ou du Verdon, en se dirigeant sur la partie la plus élevée de ce dos d'âne, on gagnera les coteaux de l'ancien duché d'Albret, qui se prolongent dans le ci-devant Armagnac. On dominera constamment deux pentes opposées à l'est et à l'ouest, où coulent, soit dans la Garonne, soit directement dans l'Océan, la Leyre, le Ciron, la Douze, le Midou, la Losse, la Baïze, la Gélise, le Gers, et toutes les eaux qui vont grossir leur cours. Si l'on s'écarte à droite et à gauche, selon les sinuosités formées par les sommets principaux, on arrivera entre Aveiron et Vic-Fezensac, où le passage se rétrécit pour la première fois : puis à Thiliac, à Trie, où il se rétrécit encore, et l'on gagnera insensiblement Tournay, où il s'élargit en s'élevant vers les Pyrénées, dont on monte les premiers gradins dans le

Nébousan. En parcourant ensuite la crête aride qui forme au nord la délicieuse vallée de Campan, on laisse à gauche la Neste, à droite l'Adour, et l'on parvient au terme de son voyage, après avoir fait un trajet qu'on peut évaluer peut-être à près de cent lieues. C'est donc en quelque sorte à la pointe de Grave, vis-à-vis Royan, que finit le système des Pyrénées, et que se termine au nord la base de ces montagnes.

Au surplus, il n'est peut-être aucun pays en Europe où les eaux soient plus mauvaises que dans les Landes. Pendant l'hiver, tout y est submergé ; c'est l'aspect du déluge universel. Dans les autres saisons, c'est, à la vérité, souvent le tableau de la plus complète sécheresse. Les eaux ont disparu, mais elles sont restées presque au niveau du sol, et la terre n'en est pas moins surabondamment abreuvée. Par-tout les bergers qui veulent faire boire leurs troupeaux, creusent dans le sable, à quelques pouces de profondeur seulement, et font naître à leur gré des fontaines. Près des habitations, des fosses d'un pied de diamètre, profondes tout au plus de deux pieds, tiennent lieu de puits, et fournissent au besoin des familles. Par combien d'inconvéniens cette commodité n'est-elle pas

rachetée ? Pour peu que les routes soient en-
foncées, elles deviennent des mares, des
cloaques, où le voyageur nage avec son cheval,
où il se débat, au risque de périr quelquefois
dans une eau noire et fétide. Par-tout s'offrent,
dans le printemps et l'automne, des flaques
d'eau colorée par la tourbe qu'elle tient en
dissolution, et des espèces d'étangs qui gènent
souvent les communications les plus indispensables. Ce sont encore ces eaux stagnantes
qui, par leurs exhalaisons, causent ici les
fièvres endémiques presque continuelles et si
funestes, qu'elles attaquent les sources de la
vie, et produisent la dégénération visible des
habitans. On a proposé, pour se débarrasser
de ces eaux superflues, de les faire évacuer
dans des canaux qui, rendus navigables, de-
viendroient pour cette contrée un double
bienfait du Gouvernement; mais ces magnifiques projets exigent d'énormes dépenses,
et ne sont pas toujours ceux à l'exécution
desquels l'administration publique peut donner
la préférence. On en parle pendant des siècles;
les ingénieurs lèvent des plans, font de beaux
mémoires accompagnés de longs devis, et
jamais, ou presque jamais, ces projets ne s'ef-
fectuent. Le moyen de remédier à ces inconvéniens d'une manière aussi prompte qu'ef-

ficace, ne seroit pas, je crois, de prolonger, d'abord, à grands frais, des canaux qui, peut-être, n'auroient aucun succès dans un sol aussi mobile, mais d'y ouvrir beaucoup de ces larges fossés, nommés *crastes* en langage du pays. Ces *crastes*, dirigées dans un système général, bien entretenues, conduites avec intelligence sur les pentes et dans le lit des ruisseaux, serviroient de dégorgeoirs aux eaux, et délivreroient la contrée de tous les maux qu'elles produisent. Le bon effet de celles que nous avons vu pratiquées sur notre route, principalement auprès d'Hostens, ne permet pas de douter des avantages qui résulteroient de leur établissement bien entendu dans toute la partie des Landes où il seroit jugé nécessaire. Les *crastes* prépareroient d'ailleurs utilement et faciliteroient la construction des canaux navigables, si l'on se déterminoit dans la suite à tenter ce travail.

On a beaucoup parlé de cultiver les Landes; aujourd'hui même ce projet semble se renouveler. Mais connoît-on bien la nature de cette région maudite? Des sables tour-à-tour ensevelis sous les eaux, et dispersés dans les airs par les vents; point de terre pour asseoir un domicile, de pierres pour le bâtir, de chaume pour le couvrir, de cailloux pour faire jaillir la première étincelle ; le bétail frappé de stérilité ; l'homme décrépit avant d'avoir atteint l'âge de l'adolescence ; un peu de miel, mais ni lait, ni vin, ni même d'eau salubre et potable ; tel est, en peu de mots, le pays qu'on voudroit cultiver, et qu'on devroit, avant tout, rendre habitable. Ce ne peut être l'ouvrage des hommes, a dit énergiquement un écrivain du dernier siècle (1) ; il faudroit que le Créateur séparât une seconde fois les eaux des eaux, qu'il affermît la terre, qu'il enchaînât les vents, qu'il élevât des montagnes, et fît jaillir des sources ; il faudroit une nouvelle création.

Mais sans supposer ce prodige, croyons, puisqu'on le désire, à la possibilité de transporter et d'entretenir dans les Landes des colonies de cultivateurs. Quelle est la culture qu'on voudroit y établir ? Seroit-ce celle du blé, si recommandée par les agronomes à systèmes ? Loin de nous cette idée qu'une sage administration proscrit ! on ne recueille déjà que trop de blé sur le territoire de la France.

---

(1) Apologie de Louis XIV et de son conseil, sur la révocation de l'édit de Nantes. MDCCLVIII.

Les Landes ont environ quarante-cinq lieues
de longueur sur douze de largeur, ce qui fait
cinq cent quarante lieues carrées. Voudroit-on
créer sur cette vaste étendue de pays une population de misérables qui pourroit s'élever à
plus de trois cent cinquante mille personnes ?
Quoiqu'il fût possible, à la rigueur, qu'elle n'y
mourût pas de faim, il vaut mieux encore,
par humanité, laisser dormir cette population
dans les espaces imaginaires. Le véritable rapport des Landes, j'entends toujours ici les
grandes Landes ; leur véritable rapport, dis-je,
est fixé par la nature ; il existe invariablement
dans le produit des bois et des troupeaux.
Qu'on y favorise les plantations et les semis
d'arbres résineux ; qu'on y établisse surtout
des prairies ; qu'à cet effet on fasse écouler les
eaux stagnantes, et qu'on les tienne en réserve
pour les employer dans l'été en irrigations salutaires ; qu'on y améliore enfin le régime pas-
toral ; des hommes robustes, mieux nourris,
plus heureux, ne manqueront pas d'y naître
bientôt, et de s'y multiplier au sein du travail
et de l'industrie. Le blé qui leur seroit nécessaire, ils le recevroient des contrées voisines,
déjà pauvres du superflu de cette denrée, et
réciproquement ils fourniroient de toute espèce
de bétail une grande portion de la France et de

l'Espagne. Ainsi s'établiroit un commerce qui vivifieroit cette partie de l'Empire sans redouter les effets des perturbations politiques et les chances des voyages lointains.

Mais, je l'ai dit, avant de conduire de nouveaux habitans dans les landes de Bordeaux, il faudroit leur rendre cette contrée habitable, et c'est là que se brisent toutes les spéculations. Sans doute, si des raisons d'Etat firent jadis rejeter la demande des Maûres qui sollicitoient la permission de cultiver ces déserts, elles furent prises de la nullité des subsistances dans un pays encore bien plus mauvais que la Hollande, où cependant, d'après le chevalier Temple, les quatre élémens ne valent rien. Les Maures, dont on fait monter le nombre à huit cent mille, y auroient tous indubitablement trouvé la mort avant de s'être procuré les moyens d'y conserver la vie, ou plutôt, forcés de se répandre dans les provinces voisines, ils y auroient causé des désordres incalculables, qu'on fit très-sagement d'éviter. Les mêmes raisons militent toujours contre le système de la culture des grandes landes. Encourager de proche en proche l'établissement des bois et des prairies, c'est tout ce qu'il est permis de faire pour triompher peu à peu de la nature ingrate qui, dans cette région, se refuse au travail, et repousse l'industrie. Revenons à Hostens.

Hostens est un petit village dont les environs paroissent assez bien cultivés. Il y a des taillis de chênes, quelques champs, des prairies, que les *crastes*, en desséchant le terrain, ont donné lieu de créer ou de mettre en valeur. L'église n'a rien de remarquable, si ce n'est une inscription révolutionnaire qui s'y est conservée sur la porte, et que nous avons conseillé d'effacer. La maison du curé, comme il convient, est la plus belle du village. Aliénée en qualité de propriété nationale, elle fut acquise par le cabaretier chez lequel nous sommes descendus, et par lui rendue à la paroisse. Cet homme, riche, nous dit-on, de deux cent mille francs, est cependant logé dans une véritable chaumière. Un petit hangar, trois chambres basses la composent, et tout le luxe qu'on y remarque consiste en quelques plats d'étain dressés sur un buffet. C'est presque une demeure patriarcale. L'hôtesse elle-même prépara le dîné, et servit sur une table qui cependant se trouva couverte d'assez beau linge. Quant à la bonne chère, nous n'en parlerons pas : on connoît l'austère frugalité des habitans des Landes.

Il étoit dimanche : une foule d'hommes, de
femmes et d'enfans s'étoit rendue des environs. Les hommes sont petits et maigres,
les femmes noires et laides, les enfans pâles
et bouffis. Ce peuple, au premier coup d'œil,
paroît bon, mais triste. Le savant comte de
Stolberg a dit quelque part dans son Voyage
en Italie, ouvrage qu'on auroit dû traduire
en français : « *De l'état du bétail dans une*
» *contrée, peut se déduire en général celui de*
» *ses habitans* (1). » Cette maxime s'applique
ici d'une manière frappante.

De Hostens à *Salles*, on marche presque
toujours dans les landes rases, où l'on remarque cependant parfois, de loin à loin,
des bergeries, de petits bouquets de bois
de pins, et des taillis de chênes. A quelque
distance d'Hostens, on descend dans une
légère dépression de terrain où se trouve un
ruisseau qui coule à l'ouest, et sur lequel
on voit un moulin. Les alentours de ce
moulin sont assez rians : il y a des arbres
et quelques prairies d'une jolie verdure. Nous
y vîmes le méuianthe trifolié, et quelques

---

(1) Lettre 103.e, tome II.

autres plantes aquatiques ou palustres. On remonte bientôt après , et l'on retrouve les landes avec toute leur monotonie et leur nudité. Elles nous conduisent ainsi dans la commune de *Belin* , où les antiquaires placent la patrie des *Bellendi* , peuple gaulois assez obscur, dont le nom même seroit ignoré, s'il n'avoit eu l'honneur d'être mentionné par Pline le naturaliste , avec celui des *Sucasses* et des *Bergorates* leurs voisins. Suivant une ancienne tradition , Oger le Danois, Guérin de Lorraine, et Arastagnus, roi de Bretagne, après la défaite de Roncevaux, furent inhumés à Belin, lorsque Roland le fut à Blaye. Mais qu'est-ce qu'une tradition fondée sur les écrits de l'archevêque Turpin ? L'existence d'un ancien hospice et d'un château fort dans cette commune est plus certaine. L'hospice y fut établi en faveur des pélerins qui se rendoient à Saint-Jacques de Compostelle , et qui traversoient les Landes. Une vieille chanson , intitulée *la Grande Chanson des Pélerins de monsieur saint Jacques* , et qui se chante encore dans nos contrées, prouve même que ce n'étoit point la partie la plus agréable de leur voyage , et qu'ils avoient besoin d'y rencontrer un lieu de repos. Voici ce que dit cette chanson :

Quand

Quand nous fûmes dedans les Landes,
    Bien étonnés,
Nous avions l'eau jusqu'à mi-jambe
    De tous côtés.
Compagnons, nous faut cheminer,
    En grand' journée,
Pour nous tirer de ce pays
    De grand' rosée.
Etc., etc.

Ainsi donc les pélerins même, qui se faisoient un mérite auprès de la divinité des
peines et des fatigues du voyage, craignoient
de séjourner dans les Landes.

D'abord desservi par des moines, l'hospice
de Belin devint ensuite un prieuré, auquel
on réunit les dîmes des paroisses contiguës,
quand le siècle des pélerinages fut écoulé.
Les rôles gascons des années 1275 et 1276
conservent la mémoire du château dans lequel
les rois d'Angleterre percevoient quelques
droits : *de inquirendo*, y est-il dit, tome
1.er, page 7.me, *de jure regis in castro Bellini.*
Sans chercher des ruines qui peut-être n'exis-
tent plus, nous traversâmes dans cette commune la route de Bordeaux à Bayonne, près
d'une chapelle isolée, nommée la chapelle
de *Béliet*, et qui fut, dit-on, celle de l'ancien hospice. J'aime à rencontrer dans mes

courses ces chapelles abandonnées ; situées aujourd'hui loin de la demeure des hommes, elles offrent toujours à l'esprit un sujet de méditation. Je me représente les temps où ces chapelles furent fondées, où elles étoient si richement dotées, si dévotement fréquentées, et je réfléchis, en poursuivant mon chemin, sur la différence des opinions qui tour à tour gouvernent les hommes et caractérisent les siècles.

Non loin de la chapelle de Béliet, le terrain commence à descendre d'une manière sensible, et sa pente est plus rapide que nous ne l'avons observée dans le sens contraire, avant d'arriver à Hostens. A quelque distance du chemin de Bayonne, nous trouvons un enfoncement dans lequel est un petit marais dirigé nord et sud, où j'ai recueilli ce bel ériophore figuré dans Vaillant, pl. 16. fig. 1.re, et dont on a fait l'*eriophorum acutifolium*. Les deux espèces de nénuphar étoient là dans le milieu des eaux ; les deux espèces de rossolis sur les bords, avec beaucoup d'autres plantes palustres. Il eût eté satisfaisant de parcourir ce marais dans toute son étendue ; mais nous étions pressés de nous rendre à Salles, que nous aperçumes bientôt environné de bois superbes et de magnifiques moissons.

Salies, en *Buch*, est un gros bourg ou village, bien peuplé. Son église est vaste et proportionnée à la grandeur de la paroisse, qui n'a pas moins de douze lieues de circuit sur quatre de diamètre. Salles a des fontaines dont l'eau salubre est renommée. Il est aussi baigné par la rivière de Leyre. Près du village nous visitâmes le château du ci-devant seigneur, devenu propriété nationale. La loi portant une exception en faveur des forêts d'une certaine étendue, celles qui dépendent de ce château furent conservées. Elles sont vastes, et les pins qui produisent de la résine y semblent parfaitement *taillés*. Quelques-uns de ces pins sont de la plus belle élévation. Des chevreuils, des sangliers habitent encore ces forêts. Sous les murs du château, en descendant vers la rivière, on trouve une promenade plantée en vieux charmes sans alignement et sans symétrie. Ces arbres, rapprochés et touffus, produisent un demi-jour délicieux. Je n'ai pu m'arrêter dans ce lieu sans me rappeler un lieu plus délicieux encore, et qu'un avide spéculateur a détruit : le bosquet de *Médous*, près de Bagnères de Bigorre, qui, par sa fraîcheur, sa tranquillité, son heureuse situation, ses beaux arbres, l'ombre légère et transparente dont il étoit rempli, rappeloit lui-même l'Elysée. Ce bosquet privilégié pour toutes les ima- ginations poétiques, pour toutes les âmes sensibles ; ce bosquet célèbre, unique dans nos climats, n'existe plus. Je trouvai, il y a quatre ans, les arbres qui le composoient frappés de la foudre révolutionnaire ; les uns étoient abattus, les autres dégradés. La Nymphe de ce séjour et sa Naïade native l'avoient abandonné. Cette belle source, dé- rivation souterraine de l'Adour, avoit été divisée, anéantie pour le service d'une ma- nufacture. J'ai revu depuis ce même lieu : alors consacré à la joie folâtre et bruyante, un Waux-Hall y étoit établi. La jeunesse sortant des bains voluptueux de Bagnères, y couroit en foule chercher le plaisir dont elle est altérée. Les repas, les bals, les concerts, les escarpolettes aériennes y promettoient ces jouissances variées qui ont tant d'attraits pour l'âge des illusions. Sans doute le mouvement et le fracas, que produisoit, à la clarté de mille flambeaux, cette réunion tumultueuse, occupoient un instant la pensée ; mais pour celui qui avoit erré seul dans l'ancien bos- quet de Médous, qui avoit vu ces beaux érables à feuille de platane ; pour celui qui s'y étoit jadis oublié sur les bords d'une

omde paisible, ou qui s'y étoit égaré dans
de solitaires retraites, tout y excitoit le
sentiment du regret et de la douleur. Les
souvenirs chers à l'âme ne se perdent point
dans les éclats d'un vain bruit, ni dans les
secousses d'une distraction passagère. Le con-
traste même d'une folle dissipation, loin de
les faire oublier, les rappelle. Dans la situation d'esprit où je me trouvois alors,
nulle de ces dégradations barbares ne m'af-
fecta si péniblement que celle de l'ermitage
de Médous, où les bonnes gens alloient
prier, où les gens sensibles, qui sont aussi
de bonnes gens, alloient rêver et s'oublier à
leur aise.

Retournant à Salles, nous aboutîmes sur le
bord de la Leyre, à un pont de bois d'une
construction fort bizarre ; c'étoit une suite
de planches de pin ajustées bout à bout,
sur de hauts et fragiles tréteaux, dont les
pieds alloient, en divergeant, chercher au
fond de l'eau une stabilité précaire. Monté
sur des échasses, comme les bergers du pays,
large de dix à quinze pouces seulement, et
long de cinq à six toises, ce pont, mal af-
fermi sur ses débiles appuis, lorsque du pas
le plus timide on éprouvoit sa solidité, cra-
quoit et vacilloit d'une manière effrayante.

Quelques perches légèrement disposées en parapets, d'un seul côté, formoient d'ailleurs l'unique soutien qu'il offrît au courageux piéton pour conserver l'équilibre. On peut juger de notre embarras : il falloit ou risquer l'aventure, ou faire une demi-lieue pour retourner au village. Après plusieurs essais et de sérieuses délibérations, deux de nous cependant osèrent s'embarquer sur cette frêle structure. Dirai-je que nous passâmes l'un après l'autre ? Quand on est sur la même rive, c'est prudence ; quand on se trouve sur la rive opposée, c'est absolue nécessité. J'ignore, au surplus, si ce pont est à poste fixe au lieu où nous l'avons rencontré ; peut-être n'étoit-il là, comme nous, qu'en passant, et seulement pour la soirée. Si nous croyons ce qu'on nous dit, sa légèreté ne garantit point la tranquillité de la rivière, qui déborde souvent pendant l'hiver, et fait alors de grands dégâts. Quoi qu'il en soit, ce pont remplace sans doute le bac dans la possession duquel fut maintenu, en 1743, l'ancien seigneur de Salles, et dont Beaurein nous transmet le tarif. Calculé sur l'économie des habitans des Landes, ce tarif ne les gênoit point dans leurs voyages. Une charrette ou voiture à deux roues passoit pour un sou avec les

maîtres, les conducteurs, les domestiques ;
les carrosses et les litières ne payoient que
six deniers ; les personnes à pied, quatre
deniers. En se hasardant gratis sur le pont
dont je parle aujourd'hui, il peut en coûter
bien davantage.

Le territoire de Salles, ainsi que je l'ai
dit, est très-étendu. Il comprend plusieurs
villages, et passe, à cause de sa fertilité,
pour *le paradis des Landes*. Le sol, en général
sablonneux, est uni, avec une pente sensible
vers l'occident. On y recueille du seigle, du
millet, du miel, de la résine. De maigres
troupeaux y procurent quelques engrais :
mieux ménagés, mieux nourris, ces troupeaux seroient plus profitables aux habitans,
qu'ils nourriroient à leur tour, et qu'ils
vêtiroient de leur laine. Dans un tel pays
cette négligence révolte. La culture n'y est
pas si générale, qu'il n'y reste beaucoup de
terrains vagues et délaissés, dont on pourroit
augmenter le produit au moyen d'une économie pastorale mieux entendue.

Les habitans de Salles et des environs sont
néanmoins laborieux ; mais ils dirigent leurs
travaux et leur industrie vers d'autres objets.
Ils cultivent assez bien leurs terres, ils taillent et ménagent bien leurs pins. Un grand

nombre de fours à goudron existent dans leurs bois, où ils fabriquent aussi du charbon, qu'ils voiturent ensuite à Bordeaux, et même jusqu'à Bayonne, avec leurs autres denrées. On trouve en certains endroits du canton, une pierre tendre et ferrugineuse, qui ne peut être employée qu'en moellon. Le voisinage de la Leyre offre aussi une sorte de grès calcaire d'abord friable, mais qui durcit ensuite, et dans lequel on trouve des corps marins. Il est à présumer qu'au-dessous de ces pierres on en trouveroit de plus dures, ainsi qu'on en rencontre quelquefois dans les Landes à une certaine profondeur.

Salles, outre les fontaines dont nous avons parlé, en a d'autres qui tiennent du fer en dissolution, et dont on a vanté les effets salutaires. Selon d'Anville, dans sa *Notice des Gaules*, page 572, ce village est l'ancien *Salomacum*; sa situation sur une voie romaine que mentionne l'itinéraire d'Antonin, entre *Aquas Tarbellicas*, ou Dax, et Bordeaux, favorise son opinion, qui paroît encore fortifiée par l'étymologie.

En quittant le village de Salles, nous descendîmes dans un chemin creux dirigé d'abord au nord-ouest, et qui tourne bientôt

à l'ouest. La portion de ce chemin qui touche Salles, est un véritable abîme : les eaux
qui filtrent entre les terres y affluent de
toutes parts. Pour le rendre praticable on l'a
pavé en bois, ici bien moins rare que les
cailloux, et bien plus commun que les pierres.
Des tiges d'arbres en grume, posées en travers les unes auprès des autres, assurent le
passage des hommes, des animaux et des
voitures. Combien ne sommes-nous pas éloignés
dans nos pays, maintenant si découverts,
de confectionner les routes avec de pareils
matériaux !

Cependant cet emploi, et d'autres emplois
analogues, qui nous surprennent aujourd'hui,
étoient jadis pratiqués presque partout avant
la dévastation des forêts. Thierri, que son
zèle à jamais louable pour la botanique conduisit, à travers tant de dangers, jusqu'à
Guaxaca, pour y dérober la cochenille aux
Espagnols, parle d'une rue ainsi pavée à la
Vera-Crux ou à Carthagène. Les anciens
historiens font mention d'une ville dont les
remparts même étoient en bois ; et dans le
département de Lot-et-Garonne, sur quelques
communes limitrophes de celui de la Dordogne,
il existe encore des granges construites avec
de grosses poutres équarries, posées de champ,

assemblées à leurs extrémités, et dans lesquelles on a scié ou taillé les portes et les
fenêtres. Excepté les frontières de la Russie
méridionale et la Sibérie, où l'on voit,
selon Pallas, des fortifications et des édifices
ainsi fabriqués ; excepté les Alpes, où l'on
trouve quelques maisons et quelques chalets
de la même architecture, y a-t-il maintenant
beaucoup de pays où l'on puisse employer
à ces grandes constructions le bois, devenu
si rare ?

Puisque nous sommes dans la contrée des
Boyens, disons un mot de leur histoire.

Ce peuple paroît pour la première fois sur
la scène du monde, lors de la fameuse émigration des Gaulois, qui, sous la conduite de
Bellovèse et de Ségovèse, inondèrent l'Italie
et la Germanie. Réunis avec les Liugones,
ils traversèrent alors les Alpes Pennines,
c'est-à-dire, la partie des Hautes-Alpes où
se trouve le Grand-Saint-Bernard. Il est remarquable que les Boyens dont il s'agit habitoient déjà à cette époque la partie méridionale de la Gaule Cisalpine. On les voit
aussi établis au nord du Danube, vers les
monts Hercyniens, dans la Bavière, où l'on
reconnoît la trace de leur nom *Boioarii*, dans
celui des Bavarois ; on les voit aussi en Bohème,

où leur nom est aussi resté plus ou moins dé-
figuré ; enfin entre la Loire et le Cher, où
César leur offrit un asile à la prière des
Eduens, ce qui les a fait quelquefois compter
au nombre des peuples de la Gaule Celtique.
La grande quantité de pays où les Boyens
paroissent presque simultanément dans l'histoire obscure de ces siècles reculés, pourroit
faire penser que plusieurs peuples, portant
le même nom, figurèrent à la fois dans diverses régions, ou faire envisager ces peuples
comme des colonies dont on seroit embarrassé
de déterminer le berceau. Quel que soit le
peu de lumières qu'on puisse tirer à cet
égard des historiens ; il est, je crois, facile
de fixer sur ce point toutes les incertitudes,
et de concilier peut-être les opinions. Un
fait dont on ne peut douter, c'est l'existence
des Boyens qui vivoient aux confins de la
Novempopulanie, sur les côtes de l'Océan,
et dans le voisinage des Bituriges-Vivisques,
ou dans la contrée de Buch. L'itinéraire
d'Antonin, qui place Boii, capitale du pays
des Boyens, dans la même région, et les
vers de Saint-Paulin, tant de fois cités,

Placeat reticere nitentem
Burdigalam et piceos malis describere Boios,
Epit. a Ausoni,

établissent le fait d'une manière incontestable.
Si donc rien ne paroît mieux prouvé que cette
patrie de nos Boyens, dont les descendans
méritent encore l'épithète de *piceos*, il est
bien vraisemblable, vu la position occidentale
et reculée de cette région, et la direction que
suivirent, dans leur émigration, les peuples
de la Gaule, que ce même pays fut le point
de départ de tous les Boyens, qui dûrent
avoir une commune origine. Mais comment,
dira-t-on, pouvoient-ils être assez nombreux
dans un pays si pauvre, si limité, pour en-
voyer au loin des nuées de combattans? Pourquoi le corps presque entier de la nation
paroît-il avoir été s'établir dans des contrées
étrangères ? Est-ce l'amour du pillage, est-ce
l'attrait d'un climat plus doux? Cela peut être
à la rigueur ; cependant je répugne à rapporter
l'émigration des Boyens à ces seules causes,
qui ne me semblent pas aussi déterminantes
pour eux que pour les peuples des latitudes
boréales, vivant sur un sol et sous un ciel
de fer. Les Boyens formoient une nation de
pêcheurs, qui jouissoit par conséquent d'une
existence assurée, chez laquelle l'industrie
s'étoit nécessairement développée, qui res-
piroit l'air tempéré de l'Aquitaine maritime,
et qui ne doit avoir cédé qu'à des circonstances

impérieuses auxquelles la force de l'habitude
et les liens contractés avec la terre natale
ne purent résister. Pour qu'une telle nation
abandonnne ainsi sa patrie, il faut non seulement que sa patrie la rejette, mais qu'elle
l'abandonne : or, il peut nous être permis
de reconnoître sur ce territoire, dans l'em-
piétement des sables et l'invasion de l'Océan,
la cause de l'émigration forcée des Boyens,
antérieure même à l'expédition de Bellovèse
et de Ségovèse. Depuis long-temps la dimi-
nution de leur territoire avoit dû presser gra-
duellement leur population. Accumulée sans
doute tout-à-coup par quelque grande catastrophe, qui noya une partie de leurs côtes,
et dont la mémoire s'est perdue, la nécessité
leur fit une loi de se porter au-dehors. Ils se
répandirent d'abord chez les nations voisines,
dont la jeunesse aventurière marcha sous leurs
enseignes et suivit leur sort. Peu à peu leur
nombre grossissant par des agrégations nouvelles, cette foule de guerriers continua ses
invasions dévastatrices, en conservant le nom
du peuple qui lui donna l'impulsion, et qui
seul par conséquent vécut dans l'histoire.
C'est ainsi que je conçois possible d'expliquer
l'émigration des Boyens, et leur nombre plus
considérable qu'il ne paroît devoir l'être, et

leur établissement dans le midi de la Gaule Cisalpine, antérieur au temps de l'expédition des deux neveux d'Ambigat. A cette époque, animé par l'exemple des autres Gaulois, ce peuple, formé d'un ramas de nations diverses, confondues sous le nom de Boyens, partit pour une expédition nouvelle ; puis tantôt fixé, tantôt errant, toujours belliqueux, toujours inconstant, il ravagea successivement les plus belles provinces de la république romaine, jusqu'à ce qu'il fût obligé de céder lui-même à la fortune irrésistible de César. Alors il finit, fondu, pour ainsi dire, dans ses alliances multipliées, et ne laissa bientôt après lui que quelques traces fugitives de son existence. Le souvenir des Boyens n'est aujourd'hui rappelé dans leur terre natale que par le nom donné aux habitans de la Teste, qui viennent alimenter Bordeaux des produits de leur pêche, et qu'on appelle *Bougés*, en les distinguant des autres habitans des Landes, qu'on nomme *Cousiots* ou *Lanusquets*. Ainsi les Boyens, qui dès le temps des Tarquins furent célèbres, sont non-seulement éteints comme les autres nations gauloises, mais leur mère-patrie, engloutie par l'Océan, n'occupe plus un point sur la terre. Que sont devenus et Boii leur capitale, ville popu-

leuse , où siégeoit un évêque ; où aboutis-
soient des voies romaines, et le promontoire
de Curian , et les terres qui devoient accom-
pagner ce cap à l'ouest, et plus loin l'ancien
Noviomagus? Leurs ruines n'existent même
plus ; la place qu'elles occupoient a disparu ,
et telle étoit la destinée des Boyens , que
tandis qu'ils s'anéantissoient sous un ciel étranger , les vents et l'Océan conjurés détruisoient
sans retour les restes de leur territoire et de
leur population.

Que voit-on en effet quelques siècles après
sur les côtes de cette partie de l'Aquitaine ?
Au lieu d'une nation fière, courageuse, en-
treprenante , jalouse de sa liberté , on n'y
trouve plus qu'une race non-seulement dé-
gradée par le régime de la féodalité , mais
encore avilie et réduite en servitude. Les
successeurs des Boyens , à cette époque ,
étoient devenus esclaves , ils étoient de véritables serfs. La preuve en est consignée
dans des actes aussi multipliés qu'authenti-
ques. Cet état de choses duroit encore, au
moins pour la plupart d'entre eux, en 1394,
puisque le duc de Lancastre , investi par
Richard II , roi d'Angleterre , du duché de
Guyenne, signoit devant Bordeaux, le 13
mars de cette année , une transaction avec

Archambault de Greilli , captal de Buch , par laquelle il s'engageoit à n'accorder , à l'insu de ce seigneur , *aucunes lettres à ses subjiiz , questals , originalis ou ascriptices , qui viendroient s'adresser aux officiers royals pour renir à liberté et franchise.* Il y a plus , en 1520 , les honteuses traces de la servitude n'étoient point encore effacées dans le pays de Buch , puisque Candale , alors captal , faisoit insérer , dans la Coutume de Bordeaux , un article d'après lequel les seigneurs jouiroient sur leurs *questaux de tels droits qu'ils ont accoustumé, et qu'est contenu en leurs instrumens.*

Et veut-on savoir quelle étoit la nature de ces droits dont on stipuloit la conservation ? Qu'on jette les yeux sur la pièce ci-après , qu'une suite de hasards heureux m'a procurée, et dont l'authenticité m'est garantie : encore ignorée , infiniment curieuse, je ne puis m'empêcher de la rapporter ici. Elle est écrite en langue du pays , telle qu'on la parloit en Aquitaine aux treizième et quatorzième siècles, et la même à peu près qu'on parle encore aujourd'hui en Catalogne. Cette pièce est relative à un territoire voisin de celui de Buch , qui , sans doute , comme on le verra bientôt , étoit soumis au même régime : je ne la traduirai point.

Asso

Asso es la carta et statut deu *dreit de premici et de defloramen* que lo senhor de la terra et senhoria de Blanquefort a et deu aver, *en et sobrea totas et cascunas las filhas no noblas* qui se maridan en la deita senhoria, lo primier jorn de las nopsas.

Conaguda causa sia que cum de tot temps de dreit, et per costuma anciaux, lo poderos senhor de la terra et senhoria de Blanquefort, La Talhan, Cantenac, Margaux et autras, agos lo dreit de premici et defloramen en et sobren totas et cascunas las filhas, no noblas, qui se maridan en la deita terra et senhoria de Blanquefort, et autras dessus nompmados, lo primier jorn de lor nopsas, empero lo maridat present, et tenent una cama de la maridada penden que lo deit senhor prendra lo deit premici et fara lou defloramen, et lo deit defloramen feit lo deit senhor no pot mech toquar la deita maridada, et a deu laissar au marit. Et cum lo mes de may dareiromen passat, Catharina deu Soscarola de la parropia deu deit Cantenac se fossa maridata al Guilhem deu Becarron lo joen, lo poderos senhor en Johan de Durasfort, cavaley, senhor de la deita terra et senhoria de Blanquefort et autras dessus nompmadas, agos voulut uzar deu deit dreit, et poder de premici et de defloramen en et sobre la deita deu Soscarola, era se fossada refusada d'obedir au deit senhor, et no vougut lo accorda lo deit premici et defloramen, et lo deit deu Becarron si fos equalement apausat, et emportat de malas palauras envert lo deit senhor, et per rason de la desobe-

tiientia de la deita maridada et las malas palauras
deu deit maridat, lo deit senhor los agos feit meter
en carcera separoment, et fos anat en se clamant
d'una clamor criminosa envert Mosseu lo Grand
Senescaut de Guyana per enformar de so que
dessus es deit, et a que fo feit enquesta per cartas,
et per torbas de testimonis deu dreit et costuma
ancienna en los quaus ero lo senhor de la deita
terra et senhoria de Blanquefort, et autras sobredeitas daver et uzar deu dreit de premici et
de defloramcnt en la maneira susdeita, et empres
la deita enformation et enquestas feitas fo rendut
una sententia per la cort senescala de Guyana de
la quau la tenor sen sec de mot à mot.

Entro lo noble et poderos senhor en Johan de
Durasfort, cavaley, senhor de la terra et senhoria
de Blanquefort, lo Talhan, Labarda, Cantenac,
Margaux, et autras, demandador en dreit de premici et de deflorament lo primier jorn de las
nopsas en et sobren totas et cascunas las filhas no
noblas que se maridan en la deita terra et senhoria
de Blanquefort et autras dessus deitas, empero lo
maridat present et tenen una cama a la maridata
penden quet prendra lo deit premici et faro lo
deflorament, duna part, et Catharina deu Soscarola de la parropia deu deit Cantenac noaro-
ment maridada al Guilhem deu Beccarron lo joen
defendadora au susdeit dreit d'autra part, et lo
medis senhor equaloment demandator en repara-
tion et castigament de malas palauras contra lo
deit deu Becarron aissi medis defendador au dreit

susdeit encora d'autra part, et es estat bis per la
cort senescala la clamor criminosa deu deit senhor
en Johan de Durasfort, ensemps las enformations
enquesta per cartas et per torbas de testimonis et
autras pessas deu contest entre las partidas, à
rason de la deita clamor criminosa et de tot so
que dessus es deit, la sobre deita cort fasent
dreit a las deitas partidas, a deit et declara^t
lo deit senhor estre ben fondat en dreit, et
en rason, et per costuma anciana daver et poder
prendre lo premici et far lo deflorament lo primier jorn de las nopsas en et sobren totas et
cascunas las filhas no noblas que se maridan en
la deita terra et senhoria de Blanquefort et autras
sobredeitas empero lo maridat present et tenent
una cama à la maridada penden que lo deit senhor
prendra lo deit premici et fara lo deflorament,
et aquo feit lo deit senhor no pot mech toquar
la maridada, mas la deu laissar au maridat, et
per rason de so que dessus es declarat, la deita
cort a condamnat et condamna la deita Catharina
deu Soscarola, et lo deit Guilhem deu Becarron
lo joen, d'obedir au deit senhor perche prenne
son dreit en la maneira susdeita; et en so que
toqua las malas palauras que lo medis Guilhem
ave deitas au deit senhor, la deita cort la condamnat et condamna de se amandar envert lo
deit senhor, et lo demandar gratia un genouil en
terra, lo cap nud, et las mas en crots estendudas
sobre la peitrina, en la presentia de tot los que
foran assemblats à sas nopsas, et plus ordonna

la deita cort que en so que toqua lo dreit susdeit
la presenta sententia serbira de lex et statut tant
per lo temps present que per lo temps advendor,
per lo deit senhor de la far proclamar et publicar
sia per un Noutari reyau , sia per un apparitor
au davant de la porta de la gleisa deu deit Cantenac à la sailhida de la messa de parropia , et per
tota lestenduda de la deita senhoria de Blanquefort
et autras sobredeitas , et de far dressar cartas deu
proclamat a tan cum lo plaira.

Au dos est écrit :

*Sententia hæc fuit in audientia Seneschallii
Aquitaniæ , die mercurii decima tertia mensis Julii,
anno millesimo trecentesimo duo.*

Mais revenons à notre voyage , dont nous
nous sommes insensiblement écartés.

Après avoir quitté le chemin pavé en bois,
et marché quelque temps vers l'ouest, nous
descendîmes dans une lande marécageuse,
inculte , et cependant décorée çà et là de
maisons propres et bien bâties. Des nuées
de vanneaux, *Tringa vanellus*, indigènes de
ces contrées maritimes, voloient devant nous,
et sembloient nous conduire au but de notre
course. Nous retrouvâmes là le bel ériophore
à longues aigrettes dont j'ai déjà parlé. Nous
y eûmes aussi l'occasion de remarquer plusieurs fois combien l'usage des échasses est
avantageux dans ces terres tourbeuses et no-

yées, et l'adresse avec laquelle les gens du pays se servent de cet utile support. Un berger guindé au sommet de ces longues perches poursuivoit ses vaches en sautant les fossés, en descendant et remontant les pentes du terrain qu'il parcouroit. Un autre, ayant laissé tomber son bâton, le ramassa sans se baisser, même sans s'arrêter, et à l'aide de ceux qui prolongeoient ses jambes ; un autre marchoit dans des taillis qui n'atteignoient point à sa ceinture ; un autre enfin nous montroit la route. Il alloit devant nous, il alloit au pas ; nos chevaux trottoient à perdre haleine. En voyant ici l'utilité des échasses, on ne peut s'empêcher de regarder leur inventeur comme l'un des hommes les plus dignes de la reconnoissance publique. Sans ce moyen de communication si simple, si facile, il seroit impossible de former et d'entretenir, dans les landes, les relations les plus indispensables. Ce pays marécageux, submergé une partie de l'année, seroit absolument désert.

Après avoir employé quelques heures à traverser péniblement ces Landes, naguère noyées, et presque impraticables aujourd'hui, nous atteignîmes le bois de Lamothe, composé de chênes à haute tige, et qui nous conduisit au passage de la rivière de Leyre.

Ce bois, d'une lieue de long sur un quart de lieue de large en quelques endroits, étoit rempli d'une immense quantité de bestiaux, sous la garde de quatre ou cinq bergers qui dormoient étendus sur l'herbe. Le passage n'est designé que par une cabane solitaire où logent les bateliers : on le jugeroit abandonné, vu l'aspect sauvage du local, et le mauvais état des routes perdues dans les bois, où l'on se perd avec elles. Ce passage, situé sur le chemin de Bordeaux, doit être néanmoins très-fréquenté. Il n'est, au reste, ni long, ni périlleux ; on s'embarque, le bateau fait un demi-tour, et l'on descend sur la rive opposée.

Jadis le territoire de Lamothe renfermoit le chef-lieu d'une juridiction seigneuriale : il y avoit aussi un ancien château, dont les ruines existoient encore il y a quelques années sous le nom de *Casteras*, qui signifie toujours dans nos pays, selon Beaurein, de vieilles fortifications démolies. Le même auteur fait mention de la noble famille de Lamothe, qui possédoit ce château : elle avoit eu dans le treizième siècle ses *cavoys*, nom gascon qui signifioit chevaliers, et ses *daudets* ou *donzets*, ou damoiseaux, comme toutes celles de ces demi-seigneurs qui vivoient alors en France pour le malheur de leurs voisins. Que ceux qui s'occupent encore de généalogie lisent l'ouvrage de *Beaurein :* ce bon ecclésiastique, dont la vie se consuma dans la lecture des anciens titres, qui compulsa péniblement tant de lièves poudreuses et de pouillers vermoulus, a rempli les six volumes de ses *Variétés bordelaises* de recherches de ce genre, et de détails relatifs aux revenus du clergé ; mais il a rendu de grands, d'inappréciables services à l'histoire de son pays : je suis loin de partager l'espèce de dédain qu'on affecte quelquefois à Bordeaux pour l'ouvrage où il a déposé les preuves de son érudition et de son patriotisme. S'il a beaucoup divagué dans cet ouvrage, dont le style, je l'avoue, est très-négligé, il n'en a pas moins le mérite d'avoir rapporté ou indiqué beaucoup d'actes inconnus avant lui, et qui sont maintenant devenus la proie du vandalisme. J'ai connu dans ma jeunesse ce digne homme, trésorier de l'académie des sciences de Bordeaux. J'admirois dans Beaurein l'érudition unie à la plus douce aménité, et une simplicité de caractère qui retraçoit les mœurs antiques. Il est toujours présent à mes yeux : je le vois encore au milieu de ses vieux livres, de ses liasses de papiers indéchiffrables. Je peindrois son obscur réduit, situé, si je ne me trompe, derrière

l'église de Saint-André, et le chien fidèle
et la vieille gouvernante à qui, le maître
compris, tout étoit soumis dans la maison,
dont elle avoit la haute police. Si rien
n'étoit plus singulier que ce ménage, rien
aussi n'étoit plus touchant que la parfaite
union et l'inaltérable tranquillité dont il étoit
l'image. Le vénérable Beaurein y trouvoit le
bonheur, après lequel la plupart des gens
de lettres ont vainement soupiré, celui de
pouvoir s'occuper paisiblement de l'objet de
leurs recherches. Il étoit heureux chez lui ; il
étoit encore heureux dans la société, parce
qu'il y portoit, comme dans la vie domestique, la modestie du mérite, le calme et la
simplicité de la vertu. J'éprouve une vraie
satisfaction à payer, en passant, ce léger
tribut à sa mémoire.

La rivière de Leyre ayant été, comme je
l'ai dit, bientôt traversée, nous ne tardâmes
pas à nous engager dans un petit bois très-
touffu, sur le bord opposé, où l'*osmunda
regalis* s'offrit à nous avec des dimensions
gigantesques. Je remarquai sur quelques individus de cette espèce de fougère le développement insolite qui, modifiant le thyrse
terminal, lui fait prendre en partie la forme
des feuilles de la plante, qui fructifie alors

d'une manière analogue aux autres genres de cette famille. On peut assimiler une pareille monstruosité à la maladie des arbres, connue sous le nom de *fullomanie*. Je ne l'avois observée jusqu'ici que dans quelques jardins, où elle étoit évidemment produite par la surabondance des sucs nourriciers : de la même cause paroît résulter, dans ce bois, le même effet. Plus loin, nous passons devant *le Teich*, séjour de l'ex-seigneur de la Teste et du dernier captal de Buch. Il existe encore, dit-on, des faisans dans les bois qui dépendent de ce château, au-delà duquel nous voyons en plein air les dunes s'élever devant nous à une distance qui paroît rapprochée, quoique nous en soyons encore éloignés. A peine étions-nous partis de Salles, le matin, que le soleil levant nous les a montrées sous la forme de petites montagnes qui bordoient l'horizon à l'ouest. Nous les avions même aperçues hier dans l'après-midi, mais d'une manière incertaine, et comme de légers nuages : elles s'offroient alors dans un vague lointain. Aujourd'hui nous distinguons leurs sommets, leurs vallons et l'épaisseur de leur chaîne ; elles se dessinent, se développent agréablement à notre vue, qu'elles fixent par la nouveauté de leur aspect. Ce sont de hautes collines dont les contours ondoyans, la teinte argentée, plaisent à l'œil qui les voit pour la première fois ; leur uniformité , dénuée de verdure, a cependant quelque chose de triste. Leur pente prolongée n'offre aucun de ces ressauts, de ces accidens qui , même dans nos coteaux, produisent quelquefois des effets pittoresques. Bientôt des maisons, des villages bien bâtis , et où l'aisance paroît régner, détournent notre attention. A mesure que nous prolongeons le bassin ou la baie d'Arcachon, nous traversons ces villages, où brille une toute autre industrie que dans le pays que nous venons de parcourir. Là, tous les hommes étaient pasteurs, ou bucherons, ou cultivateurs, ou voituroient des denrées ; ici, ce n'est plus la terre, c'est l'Océan qui devient l'objet de toutes les spéculations industrielles ou commerciales ; ici c'est l'onde infidèle, mais qui réunit tous les peuples, sur laquelle s'appuient tous les moyens de subsister. Gujan , le Teich, Lamothe, au midi ; Biganos, Comprian , Audenge, à l'orient ; vers le nord, Certes, Leaton, Andernos, Arez, Ignac et Lège, sont les territoires qui bordent le bassin. Je n'ai pris que de bien foibles notions sur ce qui les concerne ; mais je vais les rapporter en passant,

pour ne point intervertir l'ordre que j'ai toujours suivi dans ce voyage.

La partie la plus fertile du territoire de
Gujan possède un gros bourg, ou village,
qui renferme de quinze cents à deux mille
habitans. Ce bourg , que nous avons tra-
versé, offre l'air d'aisance et d'activité que
produisent par-tout le commerce et l'industrie.
Son église, spacieuse et belle, est divisée en
trois nefs, et surmontée d'un clocher qui l'annonce au loin dans la campagne. Un ancien
captal de Buch orna son portail de l'écusson
de ses armoiries , accompagné des attributs
de ses diguités. Ici, les hommes, exclusivement occupés de la pêche ou de la navigation, comme tous ceux des environs, laissent
aux femmes la culture des terres : on y recueille un peu de seigle, de millet, et quelque
peu de vin médiocre ; c'est tout ce qu'on doit
attendre de ces bras délicats qui n'étoient
point faits pour les rudes travaux de l'agriculture. Le reste de ce territoire consiste,
vers l'ouest , en prés salés sur le bord du
bassin ; à l'est, ce sont des landes ; au midi,
ce sont encore des landes qui se prolongent
jusqu'au quartier de Cazeaux.

Le Teich, anciennement appelé *la Paropia
deu Teissi*, ou du *Teilh*, ou du *Tahis* en Buch,

comprend trois ou quatre villages. La rivière
de Leyre s'y jette dans la baie par sept em-
bouchures, qui ne sont modestement que de
larges fossés. Quoiqu'on ait mis en valeur,
dans cette partie du territoire, des marais
considérables, de plus considérables encore
restent à dessécher. J'y ai vu d'assez belles
vignes et un bois de pins d'une grande étendue. Il y avoit quatre cents journaux de landes
entre deux des bras de la Leyre, appartenant
au clergé, et qui vont être cultivés. D'autres
landes, vers le midi, offrent, comme par-tout
ailleurs, d'ingrats pâturages où l'on voit brou-
ter des chèvres affamées et d'étiques brebis.
C'est au Teich, je l'ai déjà dit, que le dernier captal de Buch avoit son domicile. Ces
seigneurs jouissoient jadis de plusieurs droits
régaliens : quand les barques passoient devant
leur château, elles baissoient leurs voiles. Il
seroit ennuyeux de faire ici la longue énu-
mération de ces droits, tous dérivés de celui
du plus fort. L'ordonnance du 28 janvier
1742, rendue par les commissaires de Louis
XV, pour la vérification des titres et droits
maritimes, les abolit. Quelques-uns, cependant, avoient persisté jusqu'à la révolution,
et n'ont été totalement abrogés que par elle.
Tel étoit le privilège de s'approprier, sur

la totalité du poisson, soit à la Teste, soit apporté sur le marché de Bordeaux, tout celui qu'on jugeoit convenable pour la table seigneuriale. On pense bien que les pourvoyeurs fripons ne manquoient pas d'aggraver l'exercice de ce droit au détriment des pêcheurs, qui, de leur côté, sans doute, tâchoient de prévenir l'abus par la fraude. Mais les ducs d'Épernon, tyrans de la Guyenne, et captaux de Buch, le rendoient encore bien plus onéreux aux pauvres *bougès*. On aura peut-être quelque peine à se le persuader. Ceux-ci furent alors obligés d'apporter les produits de leur pêche à ces orgueilleux despotes, par-tout où ils se trouvoient dans l'étendue de la province dont ils étoient gouverneurs. Ce tribut journalier fut long-temps acquitté à Cadillac ; il le fut même à Agen, à quarante lieues de la Teste, lorsque le second de ces ducs établit sa cour dans cette ville, dont il fit, disent les manuscrits du temps, *une nouvelle Caprée*.

Biganos est un bourg de cinquante à soixante feux. Son territoire comprend encore deux petits villages. Un ruisseau, nommé le *Tégon*, s'y jette dans le bassin. Les habitans sont presque tous pêcheurs ou matelots, et les terres à peu près incultes.

Une immense friche, entièrement déserte, nommée la *plaine d'Argenteyres*, dépend de Biganos.

Comprian étoit le chef-lieu d'un prieuré à nomination royale. Des chanoines réguliers desservoient jadis son église, qui, plus anciennement, l'avoit été par des moines. Cette église, dotée en différentes occasions par les captaux de Buch, étoit le lieu de leur sépulture. On remarque près du village des marais salans, et un petit port où l'on s'embarque sur le bassin.

Audenge est un territoire très-borné, et, à ce qu'il paroît, médiocrement peuplé. D'après les titres cités par Beaurein, il faisoit autrefois partie de celui de Blanquefort. N'étant point encore démembré de cette seigneurie en 1302, ses habitans devoient être soumis à l'humiliante redevance ci-dessus mentionnée. Audenge a aussi des marais salans. Dois-je dire ici que l'étendue de ces marais se divise en *livres*; que chaque *livre* est composé de vingt *aires*, et que c'est dans ces *aires*, de quinze à vingt pieds carrés, que se forme le sel, lorsque l'eau de la mer, qu'on y avoit retenue, s'est évaporée.

Le territoire de *Certes*, dont la propriété fut portée dans la famille de Villars par

Françoise de Foix, contient un bourg considérable et bien peuplé. Il offre aussi le
château dégradé du marquis de Civrac, son
dernier seigneur, dont les droits, en cette
qualité, s'étendoient sur Audenge, Comprian,
Biganos, etc. Le bourg, autrefois près de
la baie, en est maintenant éloigné de plus
d'une demi-lieue. Il n'a cependant point été
rebâti, et la mer ne s'est point retirée.
Expliquons-nous. Les habitans ayant cédé,
en 1770, à M. de Civrac, un chenal par
lequel on communiquoit au bassin, ce seigneur
fit commencer des travaux sur les terrains
découverts à marée basse. Ces travaux, bien
dirigés, et continués avec intelligence, ont
ensuite beaucoup accru ses domaines aux dé-
pens de l'Océan, dont le bourg s'est trouvé
fort loin sans avoir changé de place. Cette
partie est aujourd'hui couverte de marais salans. Le bourg se recommande encore dans
les environs par six foires qui s'y tiennent
annuellement, et surtout par une dévotion
particulière à saint Yves, patron du lieu,
qui, le jour de sa fête votive, y attire un
monde infini. Pourquoi faut-il que je ne
puisse entendre parler de saint Yves sans
me rappeler aussitôt une strophe de l'hymne
qu'on chantoit, et qu'on chante peut-être

encore en son honneur dans l'église de Tré-
guier ? Que les Bretons me le pardonnent,
ainsi que les gens de loi ; elle tombe de ma
plume :

Sanctus Yvus erat Brito,
Advocatus et non latro,
Res miranda !

Ce territoire offre des prairies basses et
marécageuses, où l'on conduit de Bordeaux,
et d'ailleurs, les chevaux malades ou ruinés,
qui s'y rétablissent promptement. Sa population étoit de cinq à six cents personnes en
1770 ; elle doit être augmentée depuis cette
époque. Les hommes, presque tous marins,
ne pêchoient autrefois que dans la baie ; ils
vont à présent jusqu'à la grande mer, avec
ceux de Gujan et de la Teste. Quelques anciens seigneurs de Certes ont pris le titre de
captaux.

Lenton est un petit quartier dont les habitans s'adonnent principalement à la pêche
des huîtres dans le bassin. Ces huîtres, qu'on
nomme *de gravelle,* le cèdent à celles de
Marennes pour la grandeur et la couleur, mais
sont plus délicates et se vendent moins cher.
Il y a aussi quelques marais salans dans ce
territoire.

Le quartier d'*Andernos* étoit désigné ci-
devant

devant sous le nom de paroisse. Son église,
placée sur le bord du bassin, n'existe plus
aujourd'hui. Le bourg et le chef-lieu de la
seigneurie d'**Arez** étoient situés sur cette paroisse : des landes la séparent vers le nord du
territoire de Lège.

Arez avoit dans l'ancien régime une juridiction seigneuriale. Il dépendoit autrefois de ces
fiers châtelains de Blanquefort, déjà signalés
au lecteur par l'étendue de leurs droits, et
par l'intérèt qu'ils attachoient à les conserver.
Ce territoire est séparé de celui d'Iguac par
une craste.

Ignac renferme un petit village. Les hommes y sont matelots, comme tous ceux qui
vivent sur ces côtes. On a pensé que le nom
d'Iguac pouvoit être formé du latin, et dési-
gner une destruction quelconque anciennement
causée dans ce territoire par un incendie :
cette étymologie vaut-elle la peine d'être
discutée ?

Lège, situé entre la mer et le bassin, fut
jadis un territoire considérable. Les ducs de
Guyenne y possédoient une propriété avec
un domicile. Dans le neuvième siècle, ils
donnèrent l'un et l'autre au chapitre de Saint-
André, de Bordeaux, pour contribuer au
rétablissement de son église, alors presque

détruite par les Normands. Les chanoines jouirent de cette seigneurie jusqu'au règne de Charles IX, et la vendirent. A cette époque le quartier de Lège étoit encore dans un état florissant ; aujourd'hui, presque en totalité, dévoré par les sables, ou englouti par l'Océan, il est à peu près réduit à ces dunes étroites qui resserrent à l'ouest la passe ou l'entrée du bassin, et dont l'extrémité prend le nom de Cap Ferret. Son église, précédemment transportée à près d'une lieue de l'emplacement qu'elle occupoit, pour la garantir de l'invasion des sables, rebâtie ensuite, par la même raison, au lieu où elle est aujourd'hui, n'est plus maintenant qu'à une petite distance de ces sables et de la mer, dont ils sont les précurseurs. La tradition conserve le souvenir d'un château, de quelques villages, sur lesquels on donne des détails circonstanciés, et qui, d'abord ensevelis sous ces mêmes sables, ont ensuite passé sans retour sous les eaux de l'Océan. Le territoire entier est menacé du même sort : il y reste très-peu de terres propres à la culture, et depuis long-temps tous les arbres ont disparu. La pêche et le transport du poisson occupent presque uniquement les habitans de Lège, qui ne sont pas nombreux. Il est question, dans un ancien Mémoire cité par Beaurein (1), de quelques baleines échouées à la côte de ce territoire, sur lequel on recueillit aussi beaucoup d'ambre gris au commencement du quatorzième siècle. Les deux gros morceaux de cette substance qui furent offerts dans une boîte de vermeil, par la ville de Bordeaux, à la reine mère, lors du mariage de Louis XIII (2), et qui venoient de la Teste, avoient sans doute été ramassés à Lège. Il ne paroît pas qu'on y en ait trouvé depuis cette époque.

Cependant nous avançons, mais d'une manière souvent indirecte et toujours laborieuse. Des flaques d'eau couvrent la campagne, nous barrent à chaque instant le chemin, et nous forcent à faire de longs circuits qui prolongent désagréablement le voyage. L'aspect du *tamarix gallica*, chargé de ses grappes fleuries, nous dédommage seul des ennuis de la route. Il forme la bordure de presque toutes les terres cultivées, et la pâleur de son feuillage, ses nombreuses fleurs, son port étranger, lui

---

(1) Var. Bord., tome VI, page 318.

(2) Le 15 novembre 1615, Hist. de Bord., par Dom de Vienne, page 196.

donnent pour nous beaucoup de cet intérêt qui n'est connu que des botanistes. Enfin, après avoir long-temps rôdé dans une espèce de labyrinthe, au milieu de ces arbres et de haies touffues, les dunes, maintenant très-rapprochées, se montrent tout à coup à nos yeux. Nous entendons le bruit de l'Océan derrière ces énormes tas de sable, qui s'offrent à nous comme de hautes collines. L'impatience et la curiosité, près d'être satisfaites, s'accroissent de plus en plus : nous pressons nos chevaux, nous arrivons à là Teste.

La Teste, et non *la Tête*, comme on le dit dans l'Encyclopédie méthodique, n'est point une ville, n'est point un village. On y compte néanmoins beaucoup de maisons, une assez grande population ; on y voit une vaste église, du mouvement, du commerce ; mais aucun alignement n'y indique des rues ou des places publiques. Les habitations, isolées pour la plupart, sont séparées par des jardins spacieux, par des champs cultivés, des prairies, des fossés, de grands arbres ; sept à huit maisons peut-être y sont élevées d'un étage au-dessus du rez-de-chaussée, quatre ou cinq sont bien bâties, une seule l'est avec prétention : le tout occupe une étendue de terrain considérable.

Qu'est-ce donc que la Teste? C'est un bourg riche et populeux, qui ne le cède point à plusieurs petites villes regardées comme fort importantes par leurs habitans. Une tour carrée, et quelques ruines, restes d'un vieux château, y signalent encore la demeure de ces captaux de Buch, jadis si fameux, et qui jouoient un rôle si actif dans les guerres de la Guyenne. Plus puissans que la plupart des seigneurs leurs voisins, ils profitoient en brigands de la situation qui rendoit leur alliance utile aux divers partis. Ils se servoient de tous les avantages que leur offroit un pays couvert de forêts, rempli de marais, où l'on pouvoit user de toutes les ruses de l'art militaire, éluder aisément, et détruire même toutes les forces d'un ennemi supérieur. Ils s'autorisoient ainsi d'une impunité présumée pour manquer à la foi des traités, pour favoriser les progrès hostiles des étrangers, et vendre chèrement leurs *loyaux* services. Plus qu'aucun autre de ces petits souverains, Jean de Greilly, on Grailly, rendit célèbre, sous ce rapport, le titre de captal. Plus connu sous ce nom que sous celui de sa famille, il fut regardé comme un des plus vaillans capitaines de son siècle. L'histoire le peint comme un guerrier intrépide,

un rusé politique mais d'une turbulence extrême, et né pour le malheur de ses con-
temporains.

On ignore encore l'époque de la création
du captalat de Buch, ainsi que l'étymologie
de la qualification de captal, qu'on présume
cependant venir de *capitalis*, chef ou capitaine. La première famille qui paroît revêtue
de ce titre est celle de *Bordeaux*, maison
très-ancienne et très-distinguée dès avant le
douzième siècle, et qui possédoit la seigneurie
de Puypaulin dans la ville dont elle portoit
le nom. Assalide, héritière de cette antique
maison, ayant épousé Pierre de Greilly, comte
de Benauge, vicomte de Castillon, et origi-
naire des environs de Genève, porta dans
cette famille toutes les terres et les droits
honorifiques qui dépendoient du captalat de
Buch. Les Greilly s'enrichissoient en épou-
sant des héritières. Archambault, l'un des
descendans de Pierre, épousa celle de l'ancienne maison de Foix et des vicomtes de
Béarn, en 1381. Son petit-fils fut créé duc
de Candale ; mais toutes ces dignités étant
tombées en quenouille, Marguerite, issue
d'Archambault, les porta dans la maison de
Nogaret par son mariage avec Jean de Nogaret,
duc d'Epernon, en 1587 : alors paroissent sur

la liste des captaux de Buch deux hommes qu'une intraitable vanité caractérise plus qu'aucun autre de leurs prédécesseurs. Ces hommes jouèrent quelque temps les monarques dans leur gouvernement de Guienne, et aggravèrent toutes les redevances qui pesoient sur leurs vassaux. Le premier se fit enterrer comme un souverain à Cadillac, où le fanatisme de la révolution a détruit son mausolée. Après lui, son fils Bernard étant mort sans postérité, le captalat revint au duc de Foix-Randan ; et le dernier duc de Foix, aussi mort sans enfans, l'ayant transmis, avec d'autres biens, au marquis de Gontaut, il fut vendu en 1713 à la famille de Ruat. Il étoit alors borné au levant par le territoire de Certes ; au couchant par l'Océan ; au midi, tant par le même territoire de Certes que par celui de Born, dépendant de Biscarosse ; et vers le nord, par les territoires de Lège, d'Ignac, d'Arez, d'Andernos, et encore par celui de Certes.

Mais suspendons les froids aperçus d'une histoire surannée , d'une topographie déjà vouée à l'oubli. Je dois au lecteur le récit d'un événement dont tous les détails réclament son intérêt, et se graveront dans son âme sensible.

Des corsaires anglais avoient depuis peu insulté la côte. Plusieurs barques de pècheurs avoient été enlevées, et leurs équipages dépouillés des produits de leur pèche et de leurs provisions. Pour réprimer de telles pirateries, la corvette l'*Ile de Rhé*, de dix-huit canons, alors à Bordeaux, reçut l'ordre de venir en station à la Teste. Ce vaisseau n'étoit monté que par de jeunes gens, tous bien nés, tous issus des plus honnètes familles de la Rochelle et de l'île de Rhé, qui s'étoient volontairement offerts pour faire cette campagne. Leur arrivée étoit attendue avec une impatience égale à l'empressement qu'ils avoient témoigné. A peine la corvette fut-elle signalée, que les pilotes, les marins expérimentés de ces parages dangereux, se hâtèrent de mettre en mer pour la guider dans les *passes* qui conduisent au mouillage. On ne sait pourquoi leurs offres furent dédaignées par le capitaine ; on ne sait comment il négligea l'observation des signaux élevés sur les dunes ; on ne peut concevoir que la batterie de la Roquette ne lui ait point indiqué la vraie route du bassin dont elle défend l'entrée. Est-ce l'effet de l'ignorance réunie à la présomption, sa compagne ordinaire ? on doit le présumer. Quoi qu'il en

soit, il y a deux *passes* pour entrer dans la
baie d'Arcachon : celle du sud, commandée
par la batterie de la Roquette, et celle du
nord, située sous le cap Ferret. La première
est loin d'être bonne ; la seconde est presque
impraticable, sur-tout pour les gros vaisseaux.
C'est dans celle-ci, cependant, que s'en-
gagea l'imprudent capitaine, avec la marée
montante, un vent d'ouest très-violent, et
la mer déjà très-orageuse. Tant de témérité,
ou plutôt d'impéritie, devoit être bientôt
suivi d'un inutile repentir. A peine le vaisseau
eut-il parcouru quelques centaines de brasses,
qu'il toucha, et ne put passer outre. L'embarras dut alors être extrême : nul officier, nul
pilote, nul matelot, nous l'avons su depuis,
ne connoissoit l'attérage ; ils ignoroient tous
que là, où ils étoient arrêtés, la *passe* se di-
visoit en deux branches. Ils auroient au moins
sondé ; ils auroient essayé de mouiller pour
attendre le reflux de la marée, si les alarmes
exagérées n'avoient sans doute déjà remplacé
la présomption, et si toute présence d'esprit
n'eût point été perdue. Au lieu de prendre un
parti prudent, les malheureux prirent alors
une résolution désespérée ; ils voulurent re-
virer de bord ; mais à peine la corvette eut-
elle présenté le flanc aux vagues qui s'éle-

voient les unes au-dessus des autres comme
de petites montagnes, que son plat-bord fut
dans l'eau, et qu'ayant resté quelque temps
dans cette position, elle sombra sous voiles.
D'abord le vaisseau parut enseveli dans les
flots, qui formoient autour de lui d'épou-
vantables tourbillons. Il reparut ensuite, mais
totalement renversé ; sa quille dominoit la
mer écumante, et présentoit un nouvel écueil
sur lequel les vagues, toujours croissantes,
exerçoient leur furie. Ici commença le plus
attendrissant des spectacles. Plusieurs jeunes
gens de l'équipage, par d'inconcevables efforts, s'étoient élevés sur le flanc de la corvette qui n'étoit pas submergé : leurs bras
tendus vers le ciel, leurs regards tournés
vers la terre, ils imploroient tour-à-tour et
la protection de la Providence et les secours
de l'humanité. Cependant la tempête augmen-
toit, le tonnerre grondoit, le ciel se couvroit
d'épais nuages, et les barques de pêcheurs,
ne pouvant tenir la mer, venoient chercher
un abri dans le port. L'apparition inattendue
de ces barques, qui sembloient porter à toutes
voiles sur la corvette, dut ranimer un instant
l'espérance des naufragés ; ils crurent, en
effet, toucher à celui de leur délivrance.
Au milieu du tumulte des flots, on les vit

se soutenir mutuellement de leurs bras entre-
lacés, et dans un moment d'affreux silence
on entendit distinctement ces mots : *Courage,
mes amis! dans trois quarts d'heure nous se-
rons sauvés.* Vain espoir! il étoit justifié sans
doute par le zèle et l'habileté des marins de
la Teste, mais ne pouvoit se réaliser. S'ou-
bliant eux-mêmes, ces généreux marins af-
frontèrent cependant tous les dangers, mé-
prisèrent tous les écueils, et s'élancèrent à
l'envi vers le vaisseau pour y faire parvenir
leurs câbles ; mais les vagues qui se brisoient
contre lui les reportoient au loin, et rendoient
inutiles des tentatives qui pouvoient leur être
funestes. Ils revinrent plusieurs fois avec le
même abandon, et furent toujours repoussés
avec la même furie. Tantôt englouties par
des vagues énormes, leurs barques disparois-
soient dans l'abîme ; tantôt elles se montroient
au sommet de ces mêmes vagues avec leurs
agrès fracassés, leurs rames rompues, et
cherchant toujours néanmoins à se rapprocher
du vaisseau dont elles étoient sans cesse
éloignées. Enfin, puisque les forces de l'humanité la plus active ont un terme, celles
des braves pêcheurs devoient s'épuiser. Déjà,
depuis long-temps, leurs barques n'obéissoient
plus au gouvernail, et menaçoient de couler

bas, lorsqu'ils cédèrent à l'irrésistible nécessité, et suivirent le mouvement de la mer
qui les portoit à la côte : alors tout espoir
de salut s'évanouit; le reste de l'équipage infortuné fut livré sans retour à la violence des
vagues ; elles frappoient contre le flanc du
vaisseau, s'élevoient dans les airs, retomboient
en torrens, et leur chute entraînoit toujours
quelques victimes. Dans cette situation, un
dernier trait, cependant, devoit augmenter
encore l'attendrissement des spectateurs, et
le porter à son comble. Ce trait n'a jamais
signalé, peut-être, aucune autre catastrophe
de ce genre, et mérite d'être conservé. A
peine les barques, emportant avec elles le
dernier rayon d'espérance, voguèrent vers la
baie, que les jeunes gens, cédant aux rigueurs
d'un sort désormais inévitable, se rappro-
chèrent deux à deux, s'embrassèrent, et se
précipitèrent dans les flots. Qu'ajouter à ce
récit! La foule muette abandonna le rivage,
et la mer acheva de détruire le vaisseau pendant l'affreuse nuit qui suivit pour lui la plus
fatale journée.

Nul être vivant sur ce vaisseau n'échappa
du naufrage : un seul officier, marié depuis
peu de temps à Bordeaux, ayant obtenu la
permission de venir par terre joindre ici la

corvette , survécut à tous ses camarades.
Réservé sans doute par le maître des desti-
nées pour d'autres hasards, il arriva juste-
ment le lendemain de leur naufrage pour
recueillir leurs cadavres et quantité d'objets
de toute espèce que la mer rejetoit sur ses
bords. Jamais douleur ne me parut plus éner-
gique et plus vraie que celle de cet officier,
qu'on osoit à peine féliciter de son bonheur.
En nous confirmant ce qu'on avoit déjà dit
des jeunes gens qui composoient l'équipage
de la corvette, il ajouta des détails capables
d'augmenter l'intérêt que devoit inspirer leur
triste sort. Ils avoient témoigné le zèle le
plus ardent pour délivrer la Teste des injures
étrangères : ils étoient accourus avec d'autant
plus d'empressement et de gaieté dans ce port,
qu'ils comptoient prendre part aux plaisirs
de la Pentecôte, qu'on annonçoit cette année
devoir être très-vifs. Les malheureux s'attendoient donc à des fêtes ! ils se préparoient
aux amusemens chéris de la jeunesse ! hier
peut-être ils se livroient aux éclats d'une joie
folâtre à la vue de ce même rivage où leurs
corps inanimés devoient être aujourd'hui jetés
par l'Océan !

Après avoir payé au sort de ces infortunés
marins le juste tribut de nos regrets, nous

partîmes pour observer les dunes. Si le savant Fréret a soutenu, dans une longue dissertation, que le mot latin *dunum* signifioit
toujours une ville, il n'en paroît pas moins
certain que *dune* dérive du celtique *dun*,
coteau, colline, montagne : les preuves de
cette étymologie me semblent trop multipliées, trop bien établies, pour laisser le
moindre doute sur ce point. A ce nom d'o-
rigine celtique, on voit donc que les dunes
furent regardées jadis comme de petites montagnes : leur élévation, qui ne dépasse guère
cent cinquante pieds, ne sauroit néanmoins
justifier cette dénomination, si, considérées
sous d'autres rapports, elles n'offroient, avec
les véritables montagnes, des traits de ressemblance qui frappent au premier coup d'œil.
On trouve dans les dunes, comme dans les
montagnes, des vallées principales auxquelles
des vallées secondaires et latérales viennent
se réunir ; on y voit une disposition générale
analogue à celle qu'auroient produite les eaux
des courans primitifs. Aucune autre cause
constante que le caprice des vents ne doit
occasionner cependant une telle disposition,
et l'on ne peut qu'être surpris de ces résultats
coordonnés et symétriques ; mais ils existent :
les vallées des dunes s'embranchent les unes

dans les autres avec régularité ; la saillie , la rentrée de leurs angles correspondans sont évidentes : leurs portions les plus élevées représentent quelquefois des monts dominateurs d'une chaîne particulière, issue de la chaîne principale, dont elle suit la direction ; et jusqu'à l'aridité de leurs sommets, une infinité de traits communs peuvent faire vaguement comparer ces collines de sable à des montagnes, dont elles offrent l'ensemble dans un cadre seulement plus étroit : d'ailleurs, quelle que soit la mobilité des dunes, certaines de leurs vallées paroissent se conserver long-temps au milieu des causes qui tendent à les détruire. Nous avons observé l'une de ces vallées très-profonde, parallèle à la chaîne, et qu'on nous a dit se prolonger autant qu'elle sans interruption. Cette vallée recèle de l'eau dans ses parties les plus basses, où de petits marais, des saules, des prairies s'établissent. En général, on ne peut s'empêcher d'être étonné de la fertilité des dunes. Sans parler encore des beaux semis de Brémontier, qui méritent à leur auteur la reconnoissance publique, on voit par-tout sur ces collines mouvantes, derrière les moindres abris, dans les plus petits espaces où le sol est un peu raffermi, les plus belles plantes et la plus active végétation : le seigle, le froment, les légumes qu'on a tenté d'y semer, y ont merveilleusement réussi, et nos herborisations sont bien loin d'y être stériles. Nous y trouvons le *diotis candidissima* (*athanasia maritima*, *Linn.*), le *convolvulus soldanella*, la *linaria thymifolia* (1), l'*arenaria peploïdes*, et un *hieracium* superbe, extrêmement velu, sans contredit la plus belle espèce de son genre (2). La rencontre de cette plante n'est point un événement ordinaire pour les botanistes ; c'est une conquête qui rachète seule un voyage de quarante lieues, et qui délasse de toutes les fatigues. D'où vient cet *hieracium*, encore inconnu et pourtant si remarquable? Auroit-il été apporté de quelque plage étrangère par les flots de l'Océan? Tout m'engage à le croire. Un *gallium* à racines traçantes, digne d'être examiné (3) ; l'*arundo*

---

(1) Rare espèce. Flor. franç., seconde édit. tom. III, pag. 587.

(2) *Hieracium eriophorum*, St.-Am., Bull. des Sc., n.º 52, tab. 2, fig. 1, Dec., Flor. franç., Roem arch., Lois. Fl. gall., etc.

(3) *Gallium hierosopolitanum*, Chlore des Landes; *megalospermum*, Dec. Flor. franç.; *arenarium* Loiseleur, Flor. gallica.

arenaria

arenaria, l'*arenaria marina*, et plusieurs autres plantes viennent grossir nos moissons sur ces sables, où le *carabus arenarius* se présente fréquemment à l'entomologiste : ils nous offrent aussi des œufs de goëlands, et d'autres oiseaux de mer, qui semblent avoir abandonné à la nature le soin de leur postérité. Ces œufs, la plupart très-agréablement colorés, deviennent la proie des hommes et des animaux qui fréquentent ces lieux pour y trouver, dans la saison, une nourriture aussi précaire.

Après une heure de marche environ, nous arrivâmes au Geniés, où Brémontier commença ses semis, et où ils ont fait des progrès très-remarquables. Ces semis, garantis du vent direct de la mer par le sommet des dunes qui les dominent à l'ouest, sont devenus de véritables bosquets ; ils forment de charmans labyrinthes naturels, où l'on aime à se reposer lorsqu'on vient de franchir, sous un ciel brûlant, l'aride désert des dunes. Le pin croît ici de manière à justifier toutes les espérances ; mais le genêt sur-tout nous étonne par sa vigoureuse végétation : elle tient du prodige. Plusieurs de ces genêts ont acquis, en quatre ou cinq ans, jusqu'à six pouces de diamètre, et dix pieds d'élévation. Nul autre arbrisseau n'est plus propre à s'emparer d'une surface aussi mobile. Semé avec le pin, il le devance, il le protège en le couvrant de son feuillage , et ne l'abandonne que lorsque, devenu assez robuste, il peut se passer de son secours. Ces nouveaux bocages sont peuplés de petits oiseaux ; des milliers d'insectes y bourdonnent de toutes parts : c'est la vie et le mouvement qui s'établissent avec allégresse sur un sol jusqu'ici méconnu par l'industrie privée, et négligé par l'intérêt général. Le génie de l'homme , qui partout ailleurs se signale si souvent par la destruction, annonce enfin dans ce lieu des vues bienfaisantes et conservatrices ; il cherche à créer sur ce sable aride de nouveaux êtres et d'immenses ressources pour la société. Comment ne pas se plaire au milieu des plantations de Brémontier, et ne pas faire des vœux pour le succès de cette belle entreprise ! Comme si l'on ne devoit rien désirer dans ce séjour privilégié , on y rencontre une cabane rustique. Elle est ombragée par les jeunes arbres ; sa porte est couronnée par les pampres verts d'un pied de vigne qui semble végéter avec orgueil dans ce sol adoptif. Le bon Guillaume, habitant de la cabane, est le gardien du bocage. S'il ne le garantit pas toujours des atteintes sacrilèges de l'indigence, ou de la turpitude inconsidérée, sa présence le préserve du moins de dommages plus grands, ou d'une ruine totale. Nous entrons sous le toit de chaume : tous les meubles, tous les ustensiles qu'il recèle sont autant d'effets naufragés. La vue de ces effets, que de funestes catastrophes ont fait passer dans les mains de Guillaume, afflige l'âme, sur-tout quand on réfléchit qu'il n'est point d'habitation sur ces rivages inhospitaliers où l'on ne trouve ces monumens du malheur. Guillaume nous raconte les soins qu'il se donne dans l'exercice d'une surveillance continuelle qui, selon lui, n'est pas suffisamment récompensée. Il se plaint de vivre sans cesse isolé, quoiqu'il soit, ajoute-t-il, assez tranquille dans sa cabane, depuis que le club de la Teste n'existe plus. Homme simple, qui subsistez d'une manière si misérable au milieu des déserts, que pouvoit-on vous disputer sur vos sables ? Etoit-ce les débris des naufrages que l'océan vous apportoit ? Et les autres naufrages, produits par les tempètes que les brigands avoient excitées, ne pouvoient-ils pas suffire à leur rapacité ?

Nous avançons, nous gravissons les dunes qui garantissent de l'ouest la demeure de

Guillaume ; et du haut de ces dunes, nous voyons l'immense Océan : une brise assez forte tourmente sa surface, et les vagues écumantes viennent se déployer à nos pieds sur une plage stérile qu'elles couvrent et découvrent alternativement. Quelque familiarisé qu'on soit avec un tel spectacle, il frappe toujours par une grandeur sans mesure, et l'on ne peut qu'être ravi d'admiration quand on le voit pour la première fois. Un homme, un de mes voisins, qui n'avoit jamais quitté ses foyers, m'accompagnoit dans ce voyage : son extase étoit complète ; surpris de ne point voir la rive opposée, il disoit sans cesse avec une naïveté risible : *Qu'y a-t-il donc de l'autre côté ?*

Devant nous, un peu sur la droite, à l'entrée du canal, se présentoit le cap Ferret entouré de brisans. La forêt d'Arcachon étoit sur la même ligne, aussi à notre droite. Celle de la montagne, à notre gauche, étoit cachée par les dunes au pied desquelles gissoit la batterie de la Roquette avec ses magasins et ses signaux. Un peu plus en avant, vers l'entrée du canal, paroissoit le *Matoc*, dangereux écueil, célèbre par mille naufrages. Une côte aride et sauvage à perte de vue, au loin la mer agitée, tel étoit le lieu de la scène, tel étoit l'aspect froid et sévère qu'il nous présentoit. L'illustre Saussure a fait une remarque fort juste quand il a dit que la vue de la mer étoit triste au-delà d'un pays désert, et qu'elle paroissoit superbe lorsqu'elle terminoit une contrée riante et fertile (1). Elle prend ici le caractère sauvage de tout ce qui nous environne, et ses flots, en venant expirer sur le rivage, sont moins magnifiques que menaçans.

En continuant notre course sur les dunes, nous observâmes qu'elles s'avançoient dans les terres de deux manières également invariables : par l'effet du vent d'ouest, qui transporte le sable sur leur sommet, et le jette en avant de la chaîne, dont il prépare ainsi l'établissement sur un nouveau sol ; par l'abaissement périodique et spontané du sommet des dunes, qui s'écoule en formant une prolongation dans la plaine, lorsque, par l'accumulation du sable, elles deviennent trop élevées relativement à leurs bases, et que, prenant un nouveau talus, elles acquièrent plus d'étendue. On peut considérer la progression des dunes et leur empiètement sur

____

(1) Voyage dans les Alpes, §. 1341.

les terres comme à peu près continuels. En effet, s'il est des intervalles pendant lesquels le vent ne transporte pas sur leur sommet, ou au-devant de la chaîne, le sable qui fournit à leur accroissement, l'Océan, qui ne suspend jamais le mouvement de ses flots, refoule toujours, accumule sans cesse les inépuisables matériaux qui servent à l'augmentation de ces montagnes roulantes, et à l'entretien de leur mouvement progressif. La marche des dunes est évaluée par Brémontier à soixante-dix ou soixante-quinze pieds (onze toises trois pieds) dans le cours d'une année (1). Cette estimation, sujette à autant d'exceptions que le phénomène peut présenter d'anomalies, ne paroît pas s'éloigner beaucoup de la vérité. Je puis assurer que pendant douze jours de séjour à la Teste, ou dans les environs, nous avons vu et vérifié qu'une dune voisine de la forêt appelée *la Montagne*, avoit couvert un arbuste précédemment éloigné de dix pieds de sa base. Une observation isolée ne devant rien prouver en ce genre, je ne la cite point pour infirmer le calcul ci-dessus ; je la rapporte seulement pour montrer la vitesse avec

---

(1) Mémoires sur les dunes, pag. 6.

laquelle les dunes envahissent le terrain dans certaines circonstances. On juge d'ailleurs les alternatives que cette effrayante progression offre heureusement quelquefois. On sent qu'elle est retardée si les pluies tassent et raffermissent la surface des sables, qu'elle devient rétrograde si les vents d'est viennent à régner pendant quelques jours sans interruption. C'est en balançant la somme des divers résultats opposés, et par une observation aussi constante qu'éclairée, que Brémontier établit, ainsi que je l'ai déjà dit, la marche réduite des dunes à soixante-dix ou soixante-quinze pieds par année. Qu'on réfléchisse maintenant que les dunes, depuis l'embouchure de l'Adour jusqu'à celle de la Garonne, occupent un espace de soixante lieues de côtes sur une à trois de largeur. Quelle perte immense ne doit-il pas résulter pour l'Etat de cet empiètement continuel! Vignobles, champs cultivés, étangs, forêts, maisons, villages, tout est successivement dévoré, tout est à son tour englouti. Sans parler de *Boios*, de *Noviomagus* (1), et des autres villes ou ports de mer mentionnés par les anciens géographes,

---

(1) *Noviomagus Biturigum Viviscorum.*

le port du Vieux-Soulac, où abordoient encore,
il n'y a pas quatre siècles, les flottes ennemies,
ne peut plus être désigné même par ses ruines ;
les grands bois de pins de Lacanau, le territoire de Lège, le bourg de l'ancienne commune de Mimisan, ont disparu presque de
nos jours, et l'on est obligé d'enlever chaque
matin les sables qui se sont accumulés pendant
la nuit sur le hameau du Verdon, situé à
a pointe de Grave. Les habitans de la Teste
voient pareillement arriver sur leur demeure
l'énorme masse qui va l'ensevelir : ils peuvent
désormais prévoir l'heure fatale où ils seront
forcés de s'éloigner ; et suivant les calculs de
Brémontier, Bordeaux, Bordeaux lui-même,
dans dix-huit siècles, n'existeroit plus, si la
marche de cette calamité n'est arrêtée ou suspendue. D'autres calculs très-curieux de Brémontier, et qu'on voit dans ses Mémoires,
rendent probable que la première formation
des dunes remonte à plus de quatre mille
ans (1), et que la mer, depuis cette époque,
s'est avancée de quarante mille toises. Quelle
énorme quantité de quartz en masse n'a pas

---

(1) A quatre mille deux cent vingt-huit. Mémoire cité, pag. 25.

dû disparoître ! quelle effrayante décomposition de granit n'a pas dû s'effectuer, dans ce laps de temps, par des causes aussi constantes qu'actives ! Ce sable provenu de tant de silice pulvérisée, rejeté sur les bords de l'Océan, va servir à d'autres usages dans les grandes constructions de la nature ; il va se fixer dans de nouvelles agrégations qu'il faudra des milliers de siècles pour perfectionner, et des milliers de siècles pour détruire. Eh ! savons-nous combien de fois ce même sable a tourné dans ce cercle de transformations, de dissolutions, de modifications diverses ! Nous n'oserions calculer cette éternelle rotation qui régit tous les êtres de l'univers et l'univers lui-même.

Cependant, si l'on ne peut entrer dans ces vastes considérations sans se sentir écrasé par elles ; si la grandeur, la permanence des causes qui changent sans cesse la face de la nature, nous accablent ; si leurs effets nous épouvantent, le génie, inspiré par l'amour de la patrie et de l'humanité, ose concevoir la possibilité d'arrêter ici les progrès de la destruction ; il fait plus : si l'on en croit ses premiers essais, il l'effectue. J'ai vu, j'ai admiré les travaux de Brémontier. Quels que soient leurs succès, ils doivent lui mériter des couronnes civiques. Depuis 1788, le gouvernement, sollicité par lui, s'est inté-ressé au projet de fixer les dunes. Les crises de la révolution firent négliger l'entreprise commencée ; mais Brémontier ne cessa jamais de réclamer des fonds publics pour la continuer. Avec ces fonds, toujours trop modiques, il a répandu, même dans les temps les plus difficiles, des graines de pin maritime sur la distance qui sépare la forêt d'Arcachon et celle de la Montagne, dans l'intention de les réunir un jour. Il a protégé ses semis par les moyens les plus simples et les moins dispendieux. D'abord de gros pieux soutenoient des fascines ou des claies opposées à la violence des vents. En 1792, cette méthode fut abandonnée ; on lui substitua des branchages croisés, retenus sur le sable par des crochets de bois. Les frais furent considérablement diminués, et les graines, les jeunes plantes mieux garanties. Déjà, par ces moyens, quatre mille journaux sont ensemencés ; douze cents autres journaux sont couverts d'une végétation vigoureuse, et il ne reste plus que trois mille journaux stériles entre les deux forêts dont on veut opérer la réunion. Si ces plantations réussissent, si elles ne périssent point sous le sable, la Teste et les territoires voisins seront conservés, et la fortune publique singulièrement augmentée. En supposant ce premier succès, et celui de tous le plants de Brémontier, il en résulteroit les mêmes avantages sur une immense étendue de côtes ; et l'existence d'une forèt de plus de trois cent mille arpens, dont on ne pourroit calculer les produits en résine, goudron, térébenthine, bois de construction et de charpente, couronneroit l'une des plus belles, des plus utiles entreprises dont on ait jamais conçu l'exécution.

En me livrant à tout ce que cette idée peut avoir de séduisant et de doux pour le cœur d'un citoyen, je ne puis m'empêcher d'avouer qu'il me reste des doutes non-seulement sur la possibilité d'arrèter la totalité des dunes, mais même sur celle de les fixer dans quelques-unes de leurs parties, en sorte que, malgré tout le désir que j'aurois de me persuader cette possibilité, elle ne sauroit, à la rigueur, m'être démontrée que par l'expérience. La végétation des semis peut ne rien prouver en faveur du projet, lorsqu'on voit près de là une forèt toute entière qui s'ensevelit chaque jour dans les sables, et lorsqu'on touche de la main la cime des arbres de cette forèt. Ces arbres, qui avoient soixante ou quatre-vingts pieds de haut, paroissent maintenant à peine au-dessus du sol. Qui pourroit me garantir que ceux dont l'accroissement est aujourd'hui protégé par quelques abris, n'auront pas le même sort lorsque les vents dirigeront sur eux ce même sable qu'une lame de fond, bien reconnue des marins, ne cesse d'apporter à la côte ? Le vent d'ouest le puisera toujours sur le bord de l'Océan, et le transportera sur les dunes : là, il s'entassera ; là, repris par le vent, il s'étendra peu à peu sur de nouveaux terrains, ou bien les couvrira tout à coup, lorsque, accumulé sur les sommets, il s'écoulera selon la loi qui régit tous les fluides. Comment les travaux dont il s'agit, malgré leur apparente efficacité, pourront-ils donc s'opposer à l'envahissement successif des terres, si la cause de cet envahissement reste la même, et si les forêts les plus épaisses, les plus élevées, ne peuvent lui opposer un obstacle capable de l'arrêter ? Vraiment exécutés sur le sable, n'est-il point à craindre que ces travaux ne deviennent la proie du fléau dont ils devoient tarir la source ? On ne peut donc prononcer affirmativement à cet égard qu'après la fixation définitive des dunes. Leur marche n'étant jusqu'ici retardée que par l'alternative des

vents contraires , ou par d'autres circonstances dans lesquelles les dépressions, les
enfoncemens des terrains envahis doivent
tenir le premier rang, rien encore ne sauroit
empêcher de voir dans ce phénomène un de
ces grands effets de la nature , que toute
l'intelligence et la puissance humaine ne peuvent combattre long-temps avec avantage, et
dont il ne leur est pas donné de borner les
progrès. S'il eût été possible de semer ou
de planter le flanc des dunes qui regarde la
mer, et qui forme ses rivages, c'eût été le
seul, l'unique moyen d'y retenir le sable que
le vent y puise sans cesse, et qu'il porte sur
les sommets. Il eût été permis alors d'espérer
un succès complet ; mais ce moyen ne me
paroît point praticable. De quel côté qu'on
jette ici les yeux sur le bord de l'Océan, on
n'aperçoit que l'aridité la plus désespérante,
que la nudité la plus absolue. Le vent de
mer, chargé de molécules salines, dévore
les jeunes productions des plantes, et les
plantes elles-mêmes, partout où elles sont
exposées à son haleine. A l'exception de
quelques foibles *gramens*, de quelques plantes grasses, comme l'*arenaria peploïdes* qu'on
retrouve en quelques endroits, derrière de
petits abris dus à l'inégalité accidentelle et

momentanée du sol, nul arbre, nul arbrisseau, nul arbuste, aucune herbe, ne végè-
tent sur le versant maritime des dunes. Si
les pins de la forêt d'Arcachon élèvent encore
leurs cimes à la vue de la mer, et semblent,
au premier coup d'œil, contredire cette observation, c'est qu'ils sont en seconde ligne,
et que la côte du cap Ferret, qui s'étend
de l'autre côté du canal parallèlement à celle
de la forêt, garantit celle-ci des mortelles
influences dont elle est elle-même la victime,
ainsi que toutes les côtes immédiates de ces
parages. D'ailleurs, les parties de cette forêt
qui bordent le chenal sont visiblement en-
dommagées autant par l'effet du vent d'ouest
que par les flots de l'Océan, qui les minent
sans cesse. Rien ne semble donc autoriser à
croire qu'il soit possible d'établir des semis
sur la déclivité occidentale ou maritime des
dunes, et de diminuer jamais la source du
sable que le vent y puise toujours. Qu'on se
rappelle le petit arbre qui croît à l'abri d'un
mur près le presbytère de l'île de Penmarck,
et que Cambri mentionne dans son voyage
au Finistère (1). Cet arbre croît jusqu'à la

____

(1) Tome II, page 252.

hauteur du mur ; quand il y est parvenu ,
ni ses branches ni ses feuilles ne peuvent le
dépasser ; elles se dessèchent : on le coupe ;
il repousse , mais ne s'élève jamais au-dessus
du terme fatal. La même cause produit ici le
même effet , et cet effet est décisif ; mais
je dirai plus encore : lors même que les
plantations auroient réussi au-delà de toutes
les espérances ; que les feuillages des pins
empêcheroient les vents d'enlever les couches
supérieures du sable pour les disséminer au
loin ; lors même que les racines des plantes
qui croîtroient sur les dunes retiendroient
ce même sable, et ne lui permettroient pas
de couler pour envahir de nouveaux terrains ;
quand bien même la végétation, une fois
établie sur les sommets, se montreroit par-
tout d'une telle activité qu'elle ne pourroit
être nulle part dominée par les sables ,
l'Océan n'est-il pas là avec ses flots, auxquels
un développement de dix-huit cents lieues
d'étendue donne un poids irrésistible ? N'at-
taquera-t-il pas les dunes ? ne les sapera-t-il
pas malgré leurs belles plantations ? et de
leurs débris ne formera-t-il pas de nouvelles
dunes qui le précéderont toujours ? On a pu
se faire illusion à cet égard , mais je n'en
suis pas moins persuadé que l'Océan agit

immédiatement sur les côtes ; et qu'elles
succombent partout à ses assauts redoublés.
Comment ne le croirois-je pas ? la preuve
complète de ce fait m'est acquise. Je l'ai vue
dans les souches des arbres qui formoient
jadis une forêt dont l'emplacement se trouve
aujourd'hui sur la plage qui sépare la forêt
d'Arcachon de la batterie de la Roquette. Ces
souches, ces racines à demi-décomposées,
pénétrées par le sable qui les a durcies en
se fixant dans leur intérieur, découvrent à
marée basse, et forment maintenant pour les
les petites embarcations des espèces d'écueils
remarquables par leur noirceur sur une plage
d'une blancheur éblouissante. Or, si ces arbres et les dunes où ils croissoient ont été
la proie de l'Océan, les dunes et les arbres
d'aujourd'hui n'auront-ils pas le même sort ?
Tout concourt à le rendre probable. La
grosseur de ces arbres, qui devoient avoir
végété long-temps sur les dunes, indique
encore un fait qui, à la vérité, m'étoit déjà
démontré ; c'est que la fureur des flots ne
s'exerce pas simultanément sur l'entière étendue de la côte ; que quelques-unes de ces
parties sont plus ou moins épargnées pendant
un laps de temps plus ou moins long ; et
enfin qu'il est de ces parties qu'on peut
regarder

regarder comme stationnaire. Tout nous engage donc à suspendre notre jugement sur
l'avantage ou l'inefficacité de la plantation
des dunes. Se hâter d'attribuer l'inertie de
quelques-unes de leurs parties à l'influence de
la végétation, me sembleroit une conséquence
hasardée. Après avoir vu les restes de la forêt
submergée, il est difficile, en effet, de ne
pas envisager comme très-précaire l'état des
dunes sur lesquelles on compte le plus ; de
ne pas craindre qu'attaquées à leur tour par
la mer, elles ne tombent à leur tour avec
les plantations dont elles sont couvertes, et
qui ne pourront retarder d'une minute le
temps marqué pour leur inévitable destruction.
Cependant, l'opinion de Brémontier, sou-
tenue du succès des premières plantations,
et la part active qu'a prise le Gouvernement
dans ces travaux, doivent mettre un grand
poids dans la balance, et nous empêcher de
prononcer définitivement sur cette importante
question. Une observation précipitée ne peut
la décider ; elle ne doit être jugée que par
les résultats d'une expérience consommée ;
mais en faisant, je le répète, le sacrifice de
mon opinion, il faut que j'aie néanmoins une
extrême confiance en Brémontier, pour ne
point envisager ici le déplacement des dunes,

et l'invasion de l'Océan dans les Landes, comme un de ces grands effets de la nature auxquels il est impossible de résister. Sans cette confiance, j'avoue enfin que j'aurois beaucoup de peine à me persuader que ces Landes, visiblement abandonnées par la mer depuis une époque assez récente pour le naturaliste, ne soient condamnées à repasser peu à peu sous l'empire des eaux, et que leurs habitans ne soient forcés tôt ou tard à chercher plus loin et plus haut de nouveaux domiciles.

C'est ainsi qu'au milieu des dunes nous discourions sur leur origine, leur étendue, leur durée, et sur le projet de les fixer. Descendus sur le rivage découvert par la marée qui baissoit, nous n'y vîmes que quelques *fucus*, les plus communs seulement, tels que le *vesiculosus*, le *silicosus*, le *feniculaceus*, le *saccharinus*, le *loreus*, et les nombreuses variétés du *polymorphus* (1), plus ou moins chargées de flustres, de serpules et de cellulaires. La plage étoit couverte des

____

(1) *Lamouroux*, Diss. sur plusieurs espèces de *fucus* peu connues, etc., à Paris, chez Treuttel et Würtz, premier fascicule.

masses gélatineuses du *medusa aurita*, parmi lesquelles on voyoit plusieurs *laplysia depilans*, dont la figure informe présente l'ébauche des traits que la nature a travaillés avec plus de soin dans les limaces. L'examen de ces productions marines, les seules que la marée avoit délaissées, ne pouvant nous occuper long temps, nous ne tardâmes point à nous embarquer sur une grande chaloupe appartenant à M. Meynier, de la Teste, qu'il gouvernoit lui-même, et qui, dans moins d'une heure, nous porta sur le *Matoc*. Pendant la petite navigation, nous fûmes constamment environnés de pinasses montées par des pêcheurs, qui préparoient, jetoient, ou retiroient leurs filets. Ces pinasses sont d'une construction singulière : elles ont le fond plat, sont très-longues et fort étroites ; leur proue est de plus si excessivement relevée, qu'elle offre plus d'un quart de cercle dans son entier développement. Des barques à peu près semblables sont en usage dans les îles et sur les côtes orientales de l'Écosse. Quoique, au premier coup d'œil, les embarcations de ce genre paroissent peu sûres, elles affrontent cependant la haute mer, coupent avec une extrême légéreté les vagues médiocres, et s'élèvent rapidement au-dessus des plus hautes

et des plus courroucées. Arrivés sur le *Matoc,*
où les pêcheurs construisent quelquefois de
petites cabanes, le vaisseau naufragé la veille
réclama notre premier intérêt. Qui reconnoîtroit ici ce vaisseau à peine échappé des
chantiers, et monté par une jeunesse agile
autant que courageuse ; qui le reconnoîtroit
après l'avoir vu , ses pavillons déployés ,
maîtriser le vent dans ses voiles , faire écu-
mer l'Océan sous les coups redoublés de sa
proue , et laisser au loin derrière lui un
sillage majestueux ; il sembloit alors défier
les écueils et mépriser les tempêtes ; qui le
reconnoîtroit maintenant ? ses mâts abattus ,
ses ponts enfoncés , son bordage emporté,
ses membres fracassés : qui le reconnoîtroit
immobile sur le sable ? Il a perdu et ses agrès
et les couleurs éclatantes qui distinguent la
nation française , et le tonnerre qui la fait
respecter sur les mers. Ce vaisseau n'est plus
qu'un vaste cénotaphe ; il ne rappelle plus
que de tristes souvenirs , et nous cherchons
en vain dans ses flancs entr'ouverts la moindre
trace de ceux qui depuis si peu de temps y
terminèrent leur destinée.

Mais détournant les yeux , nous parcou-
rûmes le Matoc , qui n'offre que trop souvent
un pareil spectacle ; la marée basse le décou-

vroit en entier. Nous ne vîmes sur cet amas de sable que des *fucus*, quelques cames communes, et, ce qui nous parut extraordinaire, un grand nombre d'individus du *cimex oleraceus*. Comment le *Matoc*, presque submergé chaque jour à deux différentes reprises, qui l'est totalement pendant les équinoxes et par les fréquentes tempêtes qui viennent de l'ouest, pouvoit-il nous offrir ces insectes ?

Nous profitâmes de la marée, qui commençoit à monter, pour quitter cet écueil et pour aller visiter l'îlet d'Arcachon, où nous devions achever la journée. Le trajet n'étoit ni long ni dangereux, et cependant il eut ses aventures. Nous étions à peine par le travers de la cabane de Guillaume, que la barre de notre gouvernail se rompit, et que la mer, très-agitée, incommoda grièvement l'un de nos camarades. Après un moment de trouble, le gouvernail fut réparé; mais les souffrances de notre malade augmentèrent à tel point qu'il fut question de le déposer sur le rivage. La forme de notre embarcation ne pouvant nous permettre d'aborder, nous concevions déjà quelque inquiétude à cet égard, lorsque nous vîmes heureusement une pinasse sortir de la baie. L'ayant sur-le-champ invitée de s'approcher, nous parvînmes, malgré le mouvement des flots, à y descendre le malade, que toute sensation avoit abandonné : son état réclamoit des secours ; je me jetai après lui dans la pinasse, et la chaloupe s'étant à l'instant séparée de nous, continua sa route. Alors commença pour moi une scène d'un autre genre. Six enfans ramoient avec allégresse dans la frêle pinasse : leur père tenoit le gouvernail ; ils affrontoient gaiement les vagues les plus menaçantes, les traversoient, les gravissoient , se précipitoient en se jouant dans leurs vastes intervalles : c'étoit déjà l'air de l'habitude familiarisée avec le danger. Lorsque de trop fortes vagues se présentoient, ils élevoient simultanément leurs rames en regardant le vieux pilote , et se sourioient mutuellement. Jamais l'enfance ne me sembla plus intéressante. Je ne perdis aucun mot, aucun geste de ces courageux petits tritons, qui nous faisoient voguer ainsi sur un élément si perfide et si furieux avec cet air folâtre , cet air dégagé de soucis qui caractérise leur âge. Cependant nous approchons : la plage est là. Nos marins suspendent leur course : ils attendent une vague qui puisse les porter au but ; elle arrive haute et fière, couronnée d'écume, nous saisit , nous entraîne, se déroule en grondant , et dans son retour subit nous laisse à trente pas sur le rivage. Il n'est pas d'expression qui puisse rendre la sensation que j'éprouvai dans cet instant ; elle tenoit du délire. L'audace, l'adresse, la gaieté de notre jeune équipage, m'enchantoient, et l'heureux débarquement me paroissoit un rêve. Aimables et courageux enfans, puissiez-vous ne jamais succomber aux dangers que vous êtes de si bonne heure accoutumés à braver, et que vous me semblez destinés à ne jamais connoître ! A peine le malade fut-il débarqué, et nos adieux prononcés, que la pinasse, reprise par les flots, voguoit loin de la côte.

De toutes les excursions que nous fîmes au voisinage de la Teste, celle de l'étang de Cazeaux ne fut ni la moins agréable, ni la moins féconde en observations. Cet étang, qu'on pourroit qualifier de petit lac, est situé à l'orient du bourg, dont il est distant de deux ou trois lieues. Nous nous y rendîmes par des landes qu'on a voulu récemment mettre en culture, mais qui sont déjà revenues à leur primitive stérilité. Des habitations préparées pour les agriculteurs se voient encore sur le bord de l'étang. Maintenant occupées par quelques indigentes familles, ces maisons présentent les seules traces d'une entreprise utile, qui, comme tant d'autres dù même genre, n'a point réussi. Pourquoi donc de pareils exemples se renouvellent-ils si souvent sous nos yeux? C'est qu'on ne consulte pas assez la nature du sol, et tous les accessoires qui doivent déterminer son véritable rapport; c'est qu'on veut trop souvent recueillir du blé là où il faudroit établir des prairies, enfin, osons-le dire, c'est qu'un luxe prématuré ruine presque toujours chez nous ces sortes de spéculations. On y débute en général par ce qui devroit être la suite du succès le plus complet : on se hâte d'élever des édifices : on dépense de grands capitaux en objets de pure représentation, et l'on se prive souvent des moyens de travail avant d'avoir mis la main à l'ouvrage. C'est, au reste, une manie nationale, qui tient peut-être plus au goût des arts, à l'affluence de nos idées, à l'activité de notre génie, qu'au défaut, tant reproché, de prévoyance et de calcul. Ne voit-on pas chaque jour de très-habiles négocians, qui connoissent et savent redouter les chances de la fortune, anticiper néanmoins sur l'avenir, et, comme les cultivateurs à grandes prétentions, se livrer, magnifiquement, à de hasardeuses expériences? Dominés par les mêmes penchans, ils élèvent d'abord de vastes magasins , de somptueux ateliers , dans lesquels ils prodiguent la recherche et la décoration , quoiqu'ils entendent , en général , assez peu l'art de construire avec économie. Si des fonds nécessaires en agriculture s'emploient ainsi sans utilité , combien de manufactures n'atteignent jamais leur perfection ! Créées avec éclat , elles tombent souvent avec plus d'éclat encore , avant d'avoir été mises dans une complète activité. D'ailleurs , est-il rien de plus précaire que la prospérité d'une manufacture ? Une guerre maritime générale vient interdire l'importation des matières premières, ou empêcher l'exportation des matières fabriquées. Les négocians voient déchoir les objets de leurs spéculations , soit par l'effet de quelque événement inattendu , soit par l'impérieux caprice des modes : que deviennent alors leurs vastes édifices ? Mal appropriés à tout autre usage qu'à celui pour lequel ils avoient été construits , ils sont abandonnés , se dégradent , et n'offrent bientôt que des ruines. Les Suisses, les Allemands, sur-tout les Anglais, nous donnent , à cet égard, d'autres exemples : aucun luxe extérieur , nulle prétention à l'architecture , ne distinguent chez eux un atelier récemment établi ; des maisons de bois, de véritables cabanes, sont les édifices modestes, mais remplis d'ouvriers, dans lesquels s'exercent tous les procédés de leur industrie. Ils y font souvent fabriquer pour des sommes triples et quadruples de celles que nos Français font valoir dans leurs bâtimens magnifiques et déserts.

Quoi qu'il en soit de cette digression, où m'a conduit insensiblement la misère des habitans de Cazeaux, ces pauvres gens n'ont pas même la propriété indivise de la forêt dite de *la Montagne*, qui touche à leur domicile, et dont la commune de la Teste jouit exclusivement. Un tel état d'indigence, et l'air malsain qu'on respire dans ce canton, s'opposent aux progrès de la population, et la restreignent dans des bornes très-circonscrites. Cinq maisons au quartier de l'Estollerie, sept autres dispersées, et quelques cabanes, suffisent au nombre de ses habitans, qui ne sauroit augmenter sans le secours de l'agriculture. Ils vivent à peine aujourd'hui du produit de leurs étiques troupeaux ; cependant, d'après l'ancienne dénomination de ce territoire, dans les vieux manuscrits où il porte le nom de *Casalibus*, pluriel de *Casale* (qui, de la basse latinité, a passé dans notre idiome vulgaire), on ne peut douter qu'il ne fût autrefois bien cultivé, et par conséquent bien peuplé. La cause de la dépopulation et de la stérilité actuelle de Cazeaux paroît, au reste, se présenter naturellement dans l'empiètement des sables, et dans l'invasion de l'étang, qui, toujours resserré du côté de la mer, avance à son tour dans les terres. Cette hypothèse acquiert même une nouvelle probabilité de la tradition qui s'est conservée chez les habitans. Selon cette tradition, leur église a jadis été couverte par les eaux de l'étang, et le service paroissial fut alors transféré dans l'église actuelle. Cette église, qui dépendoit, avant la révolution, du prieuré de Bardanac, réuni au collége de la Madelaine de Bordeaux, existe à l'ouest du hameau sur une éminence. Avant de la visiter, nous passâmes sur le bord du marais qui se prolonge au bas de la forêt. Le *menyanthes trifoliata*, et d'autres belles plantes palustres, le recommandent aux botanistes, qui trouveront aussi dans l'étang le *lobelia dortmanna* et le *sparganium natans*, que Bory a dérobés depuis à ses eaux tranquilles. Bâtie au milieu d'un ancien cimetière, l'église domine l'étang; elle est environnée de pins dont les gigantesques dimensions attestent le grand âge. Le vent, qui frémit dans leurs cimes, trouble seul le silence qui règne dans ce lieu désert, où tout respire le recueillement et l'oubli du monde. En face, c'est l'étang immobile qui réfléchit le ciel ; à droite, les tristes dunes ; à gauche, une vaste solitude ; sous nos pieds, les cendres des morts ; derrière nous, la forêt sombre et la petite église. Elle ajoutoit à cet aspect un air mélancolique à l'influence duquel on ne pouvoit échapper. Ses portes étoient ouvertes ; nous entrâmes avec un saisissement qui tenoit du respect : il étoit justifié ; nous y vîmes

Les degrés de l'autel usés par la prière.

Cet autel, une chaire, les fonts baptismaux, un pauvre *ex-voto* qui pendoit sur la muraille, tout nous sembloit vénérable et sacré dans ce temple solitaire ; tout nous y retraçoit l'exercice d'un culte d'autant plus auguste, qu'il est plus simple ; tout nous y rappeloit le touchant spectacle d'un peuple que la religion console, et qui d'une voix naïve offre ses vœux à l'Eternel. Non, jamais les marbres précieux, les beaux tableaux, les mille flambeaux, les autels resplendissans de nos basiliques ne m'ont fait éprouver ce sentiment religieux dont j'ai toujours été pénétré dans l'église indigente, isolée, sur le bord des mers ou des forêts. Non , jamais les pontifes, le clergé nombreux de nos temples , la savante musique dont résonne leur enceinte , les chefs-d'œuvre d'éloquence prononcés dans leurs chaires dorées , n'ont fait naître en mon cœur cette émotion profonde dont je ne puis me défendre lorsqu'un pasteur vénérable est entouré de son peuple attentif, que , sans art, il l'entretient des vérités de la morale éternelle ; qu'il chante avec lui les louanges du Très-Haut sous un modeste lambris ; ou mieux encore , lorsque les cantiques sacrés frappent immédiatement la voûte des cieux, et sont répétés par l'écho des campagnes.

Ces réflexions , et toutes celles que l'église et le cimetière de Cazeaux devoient naturellement suggérer , nous accompagnèrent quelque temps sur le bord du lac. C'étoit par-tout un morne silence , des eaux monotones, des rivages désolés. Nous fûmes chercher un tableau plus varié dans la forêt qui couvre l'église, et qui fut, dit-on, plantée par un captal de Buch. L'histoire, qui n'a pas manqué de nous transmettre avec détail les déprédations , les brigandages exercés par les seigneurs de ce nom, a dédaigné de consacrer une ligne au souvenir de cet ami des hommes ; cependant, seul peut-être entre

ces fiers captaux , il eut des droits à la reconnoissance publique : dans tous les temps
l'ingratitude fut le salaire le plus assuré d'un
bienfait (1).

En traversant cette forêt , je me rappelai
plusieurs fois les bois de *Glen-lui*, que Cor-
diner a si poétiquement décrits dans son
Voyage d'Ecosse. Jamais, du moins en Europe, de plus beaux arbres ne s'offrirent à
mes regards. Dès l'entrée, quelques-uns de
ces arbres magnifiques , situés sur une éminence, attirent et fixent l'attention; ils semblent régner majestueusement sur ceux qui
les environnent à une distance respectueuse.
Non loin de là , d'autres arbres paroissent
avoir succombé sous les coups de la tempête,
ou sous le poids des siècles. Leurs racines ont
soulevé le sol, ont produit des monticules
irréguliers qui , chargés de mousses et d'ar-
brisseaux, ont l'air d'antiques ruines, et don-

---

(1) M. Thore rapporte dans sa promenade sur
les côtes du golfe de Gascogne, page 19 , qu'en
1543, Frédéric de Foix, captal de Buch, céda,
pour une redevance annuelle de quelques livres
de résine, ses droits sur cette forêt aux habitans
de la Teste.

nent un caractère romantique à cette partie
de la forêt. De vieux pins qui bravent encore
les orages, long-temps taillés pour l'extraction
de leur sève, ont acquis une grosseur déme-
surée, ont pris les formes les plus bizarres.
On en voit dont les larges cannelures, ou les
moulures longitudinales, pratiquées par les
résiniers, rappellent les piliers élancés de nos
cathédrales gothiques. Plus singuliers encore,
d'autres pins, déjà décomposés à l'intérieur,
se sont ouverts dans plusieurs points de leur
circonférence. Les forestiers ont profité de
ces excavations ; ils ont employé le fer et le
feu pour les convertir en espèces de cabanes
qui leur offrent un abri contre l'intempérie
des saisons, tandis que ces pins ne laissent
pas de végéter avec force et de présenter une
belle verdure. Quelle immense quantité de
bois propre aux grandes constructions ne gît
pas ici sous le sable ! Combien d'arbres de
tout âge, de toute espèce, sont tombés dans
des précipices d'où leur extraction et leur
transport exigeroient des sommes au-dessus
de leur valeur ! Combien plus encore sont
empilés au bas de la montagne, dans le marais
qui se prolonge jusqu'auprès de la Teste ! En
quelques endroits leurs branches, leurs tiges
vermoulues, leurs feuilles, leurs fruits, cou-

vrent la surface de ce marais, qui s'élève
sans cesse et s'étend vers la plaine. De grands
espaces sont occupés par des terrains tourbeux
et mobiles, où croissent de hautes fougères,
et par des *fourrés* où le seul sanglier peut
pénétrer à l'aide de la forme conique de son
corps, et de la force d'impulsion dont il est
doué par la nature. En général, la partie
basse de la forêt offre tant de ronces et d'ar-
brisseaux dans l'intervalle des grands arbres;
elle est si noyée, si remplie de décompo-
sitions végétales; elle exhale tant de miasmes
putrides, qu'il est souvent difficile et toujours
dangereux de s'y engager. Pour abréger la
route, on se dirige sur le flanc de la montagne, par un chemin sinueux plus praticable, mais plus long qui conduit sur les dunes.
Ce chemin, à la vérité, se divise et se subdivise
en petits sentiers, qui vont se perdre à chaque
pas dans l'épaisseur de la forêt; il est aussi
parfois si couvert d'arbres qu'on ne peut s'y
tenir à cheval; il est souvent si complètement
inondé qu'on ne peut y passer qu'à la nage.
Mais, quels que soient les désagrémens et les
hasards de ces fatigans labyrinthes, ils présentent des sites si pittoresques, si nouveaux,
qu'on ne calcule, en les parcourant, ni les
dangers ni la fatigue. Avec quel intérêt ne
rencontre-t-on

rencontre-t-on pas, dans cette sauvage forêt, ou l'habitation du résinier, ou des fourneaux allumés pour la fonte du goudron, ou les ateliers du charbonnier qui répandent au loin une épaisse fumée! Les moindres accidens y produisent des tableaux précieux pour l'amateur des arts, et dignes des méditations du philosophe : c'est ici le tronc colossal d'un grand arbre depuis long-temps desséché, qui, toujours debout avec ses énormes rameaux, semble défier encore et la fureur des hivers et les ouragans caniculaires ; là, des branches frappées de la foudre, étendues sur le sable, se réduisent lentement en poussière, tandis que la tige en reproduit de nouvelles dans les airs; à chaque pas les lichens, les mousses, le genèt, la verte fougère, trouvent dans la décomposition spontanée un sol qui leur est approprié, et mettent ainsi sous les yeux les deux extrémités de la vie qui se joignent et se confondent ; à chaque instant la décrépitude, à son dernier terme, fournit aux productions de la jeunesse, et la nature morte se régénère sous des formes nouvelles. On voit partout chaque tronc d'arbre renversé se couvrir d'une verdure qui ne lui appartient pas, et de fleurs qui lui sont étrangères.

Nous trouvâmes à la Teste mon compatriote

Bory de Saint-Vincent, venu depuis quelques jours de Bordeaux pour se réunir à nous. Une indisposition passagère l'avoit forcé de consacrer au repos le temps qui s'étoit écoulé depuis son arrivée. Maintenant rétabli, il nous attendoit pour faire une excursion à la batterie de la Roquette, située, comme je l'ai dit, sur la côte à l'entrée du bassin d'Arcachon, et vis-à-vis le cap Ferret. Passionné pour la botanique, doué d'une grande sagacité, de ce tact prompt et sûr qui caractérise le naturaliste, et de mille qualités aimables, Bory nous devint extrêmement utile ; il fut l'âme de la société, et il en fit le charme pendant le reste du voyage. Dévoré de la soif des découvertes lointaines, Bory s'est arraché depuis à toutes les douceurs de la vie domestique, dans les premiers mois d'un heureux mariage : il a vogué sur des mers éloignées ; il a décrit les régions volcaniques des îles de France et de Bourbon, et fait connoître beaucoup de leurs productions naturelles encore ignorées. Affrontant tous les dangers, bravant tous les climats, s'élevant à toute sorte de méditations, il a touché le rivage mortel de Madagascar, parcouru les Canaries, donné de nouveaux détails sur leur archipel, et tracé la carte conjecturale de l'antique Atlantide.

A peine revenu de cette course savante , il
en a publié les résultats , et , saisissant toutes
les occasions de témoigner son zèle , il a
repris la carrière des armes , il a volé à de
nouveaux succès. Puisse-t-il revenir bientôt ,
avec la paix , recevoir dans sa patrie les fé-
licitations de ses amis et les embrassemens
de sa jeune épouse !

Dès le matin , la barque de M. Meynier,
qui devoit nous porter à la Roquette , étant
préparée pour nous recevoir , nous partîmes
à la descente de la marée et secondés d'un
vent favorable. Une heure après , nous étions
sous la forêt d'Arcachon , qui couronne majestueusement la pointe qu'il faut doubler
pour entrer dans le goulet. Cette forêt pro-
jetoit son ombre sur les bords de la baie ,
dont les eaux réfléchissoient au loin les rayons
du soleil levant. Par-tout s'offroient à nous
des tableaux variés et des points de vue pittoresques. Nous passâmes bientôt sur l'espace
où l'ancienne chapelle d'Arcachon est submergée, à peu près vis-à-vis la grande percée
qu'on a pratiquée dans la forêt, et qui conduit
de la côte à la nouvelle chapelle. Toujours
favorisés par le vent et la marée , nous ne
tardâmes point à voir sur la droite le cap
Ferret , dont les brisans annoncent le dan-

gereux voisinage. Ce cap nous présente-t-il,
comme plusieurs savans l'ont pensé, les restes
du promontoire de *Curian*, mentionné par
Ptolomée? Il est certain que si cette langue
de sable, qui se prolonge parallèlement à la
côte, porte le nom de *cap* qu'elle ne mérite
guère, on peut présumer qu'elle l'a mérité
jadis, et qu'il lui a été conservé par l'usage.
Où fut donc situé ce promontoire qu'on dit
avoir existé entre l'embouchure de l'Adour et
celle de la Garonne? Vinet l'a placé au rocher
qui sert de base à la tour de Cordouan ; mais
son opinion ne peut être suivie. Marca,
Briet, d'Anville, croient qu'il existoit vers
le bassin d'Arcachon. Beaurein se range à
leur avis ; et il n'est, en effet, sur toute
l'étendue de la côte, aucun autre emplacement qui puisse mieux indiquer la place de
l'ancien promontoire. Il est donc à présumer
que nous avons sous les yeux le seul reste
d'une terre jadis très-étendue vers l'ouest,
que les flots de l'océan ont détruite, dont
ils poursuivent avec fureur les débris, et
dont ils auront bientôt effacé jusqu'à la dernière trace. Le Matoc, qui paroît devant
nous, diminue chaque jour, et va subir le
même sort. En 1762, cet amas de sable, sans
doute alors bien plus important, bien plus

étendu qu'aujourd'hui, fut concédé à une femme titrée de la cour de Louis XV : voulant user de tous ses droits, elle prétendit avoir celui d'interdire aux pêcheurs la faculté de débarquer dans son île, et d'y faire sécher leurs filets. Cinq misérables qui ramassoient des moules sur le rivage, furent arrêtés par son ordre, et rigoureusement incarcérés ; cependant, sur des réclamations qui parvinrent au conseil d'Etat, la dame fut condamnée, et les pauvres pêcheurs étendirent leurs filets, comme à l'ordinaire, sur le Matoc. Bientôt après la comtesse se dégoûta de sa propriété maritime, et l'abandonna. Les matelots ne tardèrent pas à en faire autant : ils transportèrent leurs cabanes sur le cap Ferret, qui résiste mieux aux attaques de l'océan. Le Matoc n'est plus à présent qu'un dangereux écueil, où quelques *fucus* à la rigueur peuvent végéter, où quelques vers testacés peuvent reposer un instant leurs frêles coquilles.

En discourant ainsi sur ce que fut le cap Ferret, et sur ce qu'est actuellement le Matoc, la barque toucha le rivage. Nous voilà débarqués près de l'ancienne batterie de la Roquette, située sur le *Pila*. Ce mot viendroit-il de *Pylos*, qui, en grec, signifie porte ?

On peut être tenté de le croire, en réfléchissant que cette partie de la côte est à l'entrée
du canal , ou du goulet , qui conduit au bassin
d'Arcachon. Quoi qu'il en soit , la batterie
construite en bois est maintenant hors de
service. Trois ou quatre pièces de campagne,
qu'on peut transporter avec leurs affûts sur
les points voisins , remplacent cette batterie,
qui n'est plus là que pour la représentation.
Quelques magasins , quelques mâts élevés pour
les signaux , une baraque en planches pour
loger le détachement d'artillerie des gardes-
côtes , forment seuls un petit hameau où s'arrêtent les yeux sur cette plage ingrate et déserte. La haute dune sur le revers de laquelle
est située la forêt de la montagne, s'élève au
nord ; au sud, on voit les deux *passes*, le
Matoc et le cap Ferret qui se prolonge en
face ; au-dessus de lui se continue l'immense
horizon de l'océan. On se doute bien que nos
remarques seront succinctes sur un local aussi
stérile. Pour y continuer notre histoire, deux
mots à peu près suffiront. Nous occupâmes,
à l'extrémité de la baraque, le réduit nommé
la chambre de l'officier, où nous passâmes la
nuit, ayant le plancher pour lit, et nos man-
teaux pour couvertures. Le lendemain, étant
allé de bonne heure herboriser avec Bory dans

le *Pila* , nous n'y trouvâmes que le violier sinué et la gentiane filiforme , avec un très-petit orpin que nous ne pûmes rapporter à son espèce. Bientôt un grain assez violent, dont aucun abri ne pouvoit nous garantir, et que nous reçumes complètement , nous força de revenir à la batterie. Comme on y avoit décidé, pendant notre absence, de mettre à la voile pour la forêt d'Arcachon , tout projet d'herborisation fut ajourné. Nous bûmes du lait excellent , que les pâturages voisins rendent sucré d'une manière remarquable. M. Meynier , capitaine d'artillerie des gardes-côtes , fit tirer une volée à ricochet de ses pièces de campagne , qui portèrent jusqu'au cap Ferret ; et nous partîmes.

La mer étoit houleuse, mais le vent favorable. On fut bientôt par le travers de la forèt où nous voulions débarquer, et que nous devions traverser pour nous rendre à la Teste. Cette forêt , composée presque partout de hauts pins, comme celle de la *Montagne* , est bien moins étendue, et n'offre pas comme elle ces halliers touffus, ces fourrés impénétrables, ces fondrières dangereuses, où les sangliers et les loups pratiquent en sûreté leur bauge et leur tanière. Les arbres s'élèvent ici sur le sable au milieu des arbousiers , dont le

feuillage est agréable et le fruit d'un rouge
éclatant. Une grande route traverse la forêt
en ligne droite, et , du bord de la mer ,
aboutit à la chapelle. A peu de distance de
cette route, et vers son extrémité supérieure,
nous observâmes des encaissemens formés avec
des planches mal jointes pour obtenir la térébenthine. Le galipot, ou le suc résineux des
pins , déposé dans ces espèces d'auges, se
liquéfie à l'ardeur du soleil : il s'écoule; des
dalles le reçoivent et le conduisent dans des
futailles qui sont expédiées à Bordeaux. Cette
méthode vaut mieux que celle usitée dans
notre département , où, pour se procurer la
même substance, on a recours à la chaleur
du feu, plus dispendieuse et moins égale. La
première de ces térébenthines se nomme *de
soleil*, et la seconde *de chaudière;* l'une et
l'autre sont inférieures à celles des sapins et
des mélèses qui s'obtiennent par la térébra-
tion, et qu'elles remplacent cependant pour
quelques usages. L'odeur, la saveur, la trans-
parence, distinguent, au surplus, ces deux
térébenthines de la troisième, dont la lim-
pidité est toujours plus parfaite, et qui se
conserve plus long-temps. C'est ici le lieu de
dire un mot en passant des diverses substances
qu'on retire de la séve des pins. Il est éton-

nant qu'on soit en général si peu instruit à cet égard dans nos contrées, qui touchent au pays peut-être le plus riche de l'Europe en ce genre de productions.

Les pins des environs de la Teste, je l'ai déjà dit, sont beaucoup mieux taillés que les nôtres pour en obtenir la résine et pour prolonger leur durée. Ceux du Marensin, petit pays situé dans le département des Landes, sont encore mieux traités dans ce double objet. C'est là, sur-tout, qu'il faut aller s'instruire à fond de tout ce qui concerne la culture des pins, et des méthodes usitées pour tirer le meilleur parti possible de ces arbres précieux. Il nous suffira de donner un aperçu des moyens de se procurer la résine, le brai, le goudron, et les autres substances analogues qui réclament notre intérêt, à raison de leur utilité journalière.

Le pin maritime, tout le monde le sait, est un très-bel arbre qui végète avec vigueur dans les terrains sablonneux, et dans les sables même qui ont beaucoup de fond. Lorsque cet arbre a pris trois, quatre ou cinq pieds de circonférence, on pratique au bas de la tige, avec une espèce d'herminette (outil de charpentier et de tonnelier), une entaille d'environ trois pouces de large, un

peu plus longue, et d'un pouce de profondeur ;
Au-dessous de cette entaille, on creuse dans
la terre une fosse où s'écoule le suc résineux, nommé *galipot*, qui s'échappe de la
plaie. Cette plaie, faite vers le milieu du
printemps, doit être renouvelée plusieurs fois
dans le cours de l'été, et prolongée en remontant le long de la tige, pendant les années
suivantes. Pour s'acquitter de ce travail, des
hommes, nommés *résiniers* (on les connoît
déjà), parcourent sans cesse les bois de pins
en rapport, munis d'une petite hache et
d'une perche qui, à l'aide d'entailles trans-
versales, leur sert à s'élever sur les tiges.
Ces hommes, ordinairement fort agiles, une
jambe à peine appuyée sur la perche, se
soutiennent quelquefois très-haut ; en serrant
l'arbre avec l'autre jambe et un de leurs
bras, ils taillent le pin avec adresse et légèreté. L'adresse est nécessaire pour se soutenir
dans une situation aussi gênante ; la légèreté
ne l'est pas moins, puisqu'il ne faut enlever
à chaque fois que des copeaux très-minces.
Le suc qui découle dans le réservoir, avec
celui qui reste adhérent à l'écorce sous la
forme d'une croûte blanchâtre, et qu'on dé-
tache en le raclant, portent le nom de *bartas*.
Cuits dans des chaudières à bord renversé,

et montées sur des fourneaux de brique, il en résulte le brai sec du commerce, qu'on purifie en le faisant passer à travers une couche de paille établie sur des branches en guise de châssis.

Le brai sec, tandis qu'il est bouillant, sert à former de la résine. A cet effet, il doit s'écouler par une gouttière pratiquée au bord de la chaudière, dans une auge de bois remplie d'eau. On verse de temps en temps un peu de cette eau dans la chaudière : la matière se gonfle, une partie coule sans cesse dans l'auge, et sans cesse est reversée dans la chaudière. Ce transvasement successif et soutenu brasse et combine parfaitement à la longue l'eau et le brai, qui, ainsi mêlés sur un feu égal, prennent une couleur jaune brillant, et deviennent enfin de la résine. Passée ensuite au filtre grossier, décrit ci-dessus, on la moule dans des creux circulaires formés dans le sable, à l'aide d'une branche d'arbre fourchue qui sert de compas, et on la livre au commerce.

La paille à travers laquelle a passé la résine, ainsi que tous les copeaux, les feuilles et les branches imbus de cette substance pendant l'opération, sont recueillis avec soin. On en pourroit faire du noir de fumée, mais

on les réserve ordinairement pour les mettre
dans les fours à goudron, ou pour en former,
par la combustion, une matière qu'on nomme
improprement *poix noire*, et qui s'emploie à
divers usages.

Le goudron, chacun le sait, est une substance dont la marine ne sauroit se passer.
On doit l'envisager comme le produit de la
séve du pin, combinée avec la résine et avec
les matières fuligineuses qui se forment pendant leur combustion. Le goudron se compose
en réduisant le bois de pin en charbon dans
des fours, ou des fourneaux appropriés à
cette fabrication. Tandis que le bois brûle
lentement dans ces fourneaux presque privés
d'air, le goudron coule dans des réservoirs
ou des vaisseaux préparés pour le recevoir,
et où il se fige à l'abri de la pluie. Ces
fourneaux ont la forme d'un cône tronqué ;
leur base a deux ou trois toises de diamètre,
et leur hauteur neuf ou dix pieds. Ils devroient
être construits sur le modèle de ceux dont
on se sert en Suède, où l'on a singulièrement
perfectionné cette branche d'industrie.

Le galipot, ainsi que je l'ai dit, peut servir
à faire de la térébenthine : je n'y reviendrai
pas ; j'ajouterai seulement que, pour se procurer l'huile ou l'essence de térébenthine,

on distille le galipot, ou la térébenthine elle-
même, avec de l'eau, ce qui est du ressort
de la chimie.

Les pins fournissent encore une autre matière qu'on nomme le *brai gras*, aussi utile
que le goudron pour la marine. Cette matière s'obtient en brûlant, avec des copeaux
verts de cet arbre, du brai sec, lequel se
combine en se liquéfiant avec la séve rési-
neuse des copeaux qui doivent se carboniser à
l'abri du contact immédiat de l'air, ainsi que
dans l'opération précédente.

Enfin, outre le noir de fumée, produit de
la combustion de la résine, le pin, surtout
lorsqu'il est épuisé, et que ses entailles sont
desséchées, donne encore quelquefois des
gouttes d'une résine limpide qui suinte à travers l'écorce. Ce suc extravasé, devenu con-
cret, sert quelquefois, au lieu d'encens, dans
les églises de campagne, et falsifie souvent
ce parfum dans les magasins des marchands
infidèles.

Ces détails, quoique assez généralement
connus, venoient se placer ici d'eux-mêmes ;
ils ne pouvoient échapper à ma plume en écri-
vant sur la contrée des Boïens, jadis qualifiés
de *Piceos*, et dont les descendans n'ont pas
cessé de mériter cette épithète.

Un mot de la chapelle.

La situation solitaire de ce petit édifice, au milieu de la forêt, sur une côte connue par tant de naufrages, a quelque chose de romantique, et rappelle les idées religieuses qui donnèrent lieu à son antique fondation. Il est encore peu éloigné de nous ce temps où l'équipage d'un vaisseau battu de la tempête émettoit le vœu de porter en procession, à Notre-Dame, ses ferventes actions de grâces s'il échappoit au danger. Les matelots, les passagers, le capitaine, rangés sur deux lignes, souvent en chemise, toujours la tête et les pieds nus, s'avançoient lentement et religieusement vers la chapelle, en chantant des litanies. Le peuple, autour d'eux rassemblé, gardoit un profond silence ; chacun étoit touché, chacun étoit attendri de ce spectacle qui provoquoit des larmes involontaires. Ensuite, le cortége entroit dans le temple, y assistoit à l'office divin avec recueillement, y suspendoit la représentation du navire que la vierge *Stella Maris* avoit manifestement sauvé du naufrage, et quelque sainte offrande terminoit la cérémonie. Aujourd'hui, sans doute, les temps ont un peu changé ; les vœux ont passé de mode ; et si quelque conscience, alarmée dans un nroment de danger , vote en secret un acte de reconnoissance conditionnelle à Marie, le plus souvent c'est bientôt oublié. *Pericolo passato, gabbato il santo*, a.dit un des peuples les plus dévots de l'Europe.

Quoi qu'il en soit, la chapelle de Notre-Dame d'Arcachon est assez spacieuse ; et, loin d'être détruite comme tant d'autres, elle est bien entretenue. Les *ex-voto* qui décorent ses modestes lambris n'ont pas même été déplacés pendant la révolution ; elle attend dans ce paisible état de nouvelles offrandes. Cette chapelle bâtie après que l'ancienne du même nom eut passé sous les sables, et de là dans l'Océan, date de 1744. Il paroît qu'elle dut sa construction à un habitant de la Teste, qui se chargea de toute la dépense ; du moins trouve-t-on ce particulier, nommé Jean-Baptiste Guilhem, qualifié de *fabriqueur* de la chapelle dans un acte mentionné par Beaurein, page 229 du sixième volume de ses Variétés Bordelaises. Il reste néanmoins à savoir ce qu'on doit entendre par *fabriqueur*, et si ce n'est pas tout simplement un marguillier, un membre de la fabrique.

Tandis que, perchés sur une fenêtre, nous visitions des yeux l'intérieur de la chapelle par une vitre cassée, le soleil, ayant atteint plus de la moitié de sa course, nous fit penser à notre retour. Ses rayons, réfléchis par un sable éblouissant, rendoient la chaleur insupportable, surtout dans les grands bois où la brise du large qui rafraîchissoit alors l'atmosphère ne pouvoit pénétrer. D'étroits, de tortueux sentiers qui se prolongent en inextricables labyrinthes, et où les gens du pays s'égarent souvent, finirent néanmoins par nous conduire sur la dune la plus voisine de la Teste, où nous nous rendîmes en traversant le pré salé. Alors découvert par le reflux, ce pré nous offroit une surface inégale dont les portions élevées étoient fangeuses, et les parties basses noyées. Le *statice limonium*, le *glaux maritima*, et quelques autres plantes, s'y voyoient seulement avec les *fucus* et les autres productions marines délaissées par la marée. Une puanteur insupportable s'élève de ce sol vaseux, où l'on ne peut ni marcher, ni se tenir debout sans glisser et s'enfoncer dans une boue fétide. Etoit-ce dans ce lieu (j'ai peine à le croire) que de Thou, Loisel, et leurs compagnons de voyage, firent dresser une table, et mangèrent si délicieusement les huîtres qu'on leur servoit en profusion ? « *Ces Messieurs étant à la Teste* (disent les Mémoires de M. de Thou,

Thou, liv. II, pag. 59 et suiv., édit. in-4.°),
*firent dresser une table pour dîner sur le ri-
vage. Comme la mer étoit basse, on leur
apportoit des huîtres dans des paniers ; ils
choisissoient les meilleures, et les mangeoient
sitôt qu'elles étoient ouvertes. Elles étoient
d'un goût si agréable et si relevé, qu'on
croyoit respirer la violette en les mangeant.
D'ailleurs, elles sont si saines, qu'un de
leurs laquais en avala plus de cent sans en
être incommodé*, etc. » Nul doute que le
détail de toutes ces circonstances ne soit infiniment intéressant dans la vie d'un homme
aussi célèbre que M. de Thou ; mais on ne
voit malheureusement autour de la Teste
aucun local qui paroisse avoir jamais pu se
prêter aux dispositions qu'exigeoit un pareil
repas. Il est vrai qu'on y chercheroit de
même en vain le rocher qui dominoit *la
ville*, et dont parlent aussi ces Mémoires.
Un rocher près de la Teste ! Au surplus,
l'auteur de ces Mémoires est parfois un étrange
discoureur. A l'occasion des pins, dont on
extrait la résine, il s'exprime ainsi quelques
lignes plus bas : *Comme on enlève*, dit-il,
*leur écorce, la nature prévoyante fait naître
tout autour quantité d'arbustes pour les re-
vêtir, entre autres des arbousiers*, etc. Le

rédacteur n'étoit-il pas un de ces laquais qui mangeoient des huîtres ?

Cependant on ne peut parcourir, on ne peut avoir sous les yeux ce magnifique bassin d'Arcachon, sans déplorer qu'il soit à peu près inutile au commerce, et tout-à-fait étranger à la marine de l'Etat. Si son accès étoit bien praticable, il offriroit une superbe rade, un abri sûr aux vaisseaux de toute grandeur affalés sur cette côte dangereuse. Sa circonférence est de quinze à seize lieues. La partie du mouillage dominée par la forêt d'Arcachon, garantie des vents de sud et d'ouest, est très-vaste : cent vaisseaux y seroient aisément contenus ; ils y seroient ancrés par plusieurs brasses, et trouveroient dans toute l'étendue de la baie des mouillages excellens. Indépendamment du bien qu'on opéreroit en offrant un port de salut aux vaisseaux battus de la tempète sur ces rivages qui ne présentent pas d'autre asile, l'avantage d'y fixer un commerce plus lucratif seroit incalculable. Au cabotage pour le transport du goudron, de la résine, du brai, de la térébenthine, succéderoient bientôt des spéculations plus étendues ; et le mouvement qui s'établiroit dans ce port feroit renaître le triste pays des Landes à la vie

industrielle dont il a tant besoin. On a vu
les sables qui forment les dunes venir du
nord et du nord-ouest ; ceux qui, mêlés de
gros graviers, obstruent l'entrée de la baie,
arrivent dans la même direction. Sans cesse
poussés par une lame de fond, ils boulever-
sent les attérages jusqu'à vingt pieds de profondeur ; ils creusent et comblent tour à tour
le fond du canal, qu'ils changent sans cesse,
et forment dans le bassin de nouveaux bancs
qui gênent la navigation. Quel signe existe-
t-il sur la côte pour indiquer l'altération
continuelle qui s'opère dans le gisement des
écueils et la direction des passes ? En atten-
dant la réussite des plantations de Brémontier,
on ne voit sur les dunes maritimes que de
simples branches de pin élevées par les pêcheurs : nul autre renseignement ne guide
les vaisseaux qui viennent chercher dans le
port un abri contre un ennemi supérieur,
ou contre la tempête ; point de signal qui
leur indique au loin le danger, point de pilote
côtier qui leur prête un secours tutélaire.
L'humanité seule des marins de la Teste
plaide pour eux : on a vu combien elle étoit
active et courageuse ; mais dans les circonstances où le danger est pour tous, elle peut
être quelquefois ou tardive ou muette. Ce

seroit donc une mesure conservatrice bien salutaire, que de construire à l'entrée du chenal, sur le *Pila*, une tour en maçonnerie, de la hauteur à peu près de celle de Cordouan, et d'élever une balise mobile en charpente, pour être changée de place à chaque variation des passes ou des écueils. Pourquoi n'établiroit-on pas ici, comme à Bayonne, comme à Royan, des pilotes côtiers, pris parmi les pêcheurs les plus expérimentés ? Assurés de leur salaire, ils iroient au-devant des navires, les conduiroient sûrement, et les sauveroient du naufrage. Les lames qui se brisent à l'entrée du bassin sont sans doute d'une telle force, que cette entrée sera toujours dangereuse, au moins dans les gros temps ; mais les vagues qui s'élèvent à l'embouchure de l'Adour, celles qui défendent la baie de Saint-Jean-de-Luz, sont-elles donc moins redoutables ? On les dompte cependant, et l'on triompheroit partout des mêmes obstacles, avec des précautions pareilles et les mêmes moyens.

Nous devons mentionner ici une sorte de spectacle qui attire toujours beaucoup de monde sur les dunes voisines de la Teste, et auquel nous avons assisté. Les taureaux, qui paissent toute l'année dans la lande où

ils vivent en liberté, font les honneurs de
cette fête. Elle a lieu dans l'une des vallées
qui se dirigent perpendiculairement à la chaîne
principale, lorsque ces animaux, à demi sauvages, doivent être marqués du sceau de leurs
propriétaires respectifs.

Nous étions avertis dès la veille : mais
quoique partis de très-bonne heure, il s'en
fallut de beaucoup que nous fussions les premiers rendus. A notre arrivée, les taureaux
destinés à paroître sur la scène étoient déjà
réunis au fond de la vallée, les étampes préparées étincelloient dans un vaste brasier,
et les jeunes gens qui devoient signaler leur
force ou leur adresse étoient au pied des dunes,
dont les nombreux spectateurs occupoient le
sommet.

Cette espèce de cirque, où presque toute
la population du pays se trouvoit rassemblée
au lever de l'aurore, le site solitaire absolument dénué de verdure, le bruit de la mer
qui se faisoit entendre par intervalles, à une
distance très-rapprochée, tout cela produisoit
un coup-d'œil étrange et des sensations extraor-
dinaires : c'étoit un spectacle auquel nul autre
ne pouvoit ressembler.

A peine eûmes-nous pris nos places au
plus haut degré de l'arène, que le combat

commença. Parmi les jeunes gens, l'un des
plus lestes, s'avançant vers le taureau qui
sembloit le plus fier, l'excita, le harcella
de mille manières, puis l'attaqua de front.
L'animal irrité se précipita sur lui tête bais-
sée : aussitôt l'agresseur prit la fuite et gagna
la dune, où le taureau le poursuivit. L'impulsion d'une colère impétueuse fit d'abord
gravir l'animal assez haut sur les traces de
son adversaire ; mais enfin il s'enfonça dans
le sable dont, malgré tous ses efforts, il ne
pouvoit se dépêtrer. Le jeune homme saisit
ce moment, prévu d'avance, et revint à son
tour sur le taureau furieux. On vit alors
s'engager une lutte corps à corps, pendant
laquelle les deux combattans, tantôt dessus
tantôt dessous, descendirent ensemble dans
la vallée, couverts du sable qu'ils avoient
entraîné. Parvenus sur un sol moins mobile,
ils s'y débatirent avec plus d'ardeur. Le
taureau saisi par les cornes cherchoit à se
relever ; son courageux adversaire s'efforçoit
de le retenir abattu. Dans cet instant critique
la victoire paroissoit incertaine, lorsqu'un
nouveau champion, armé de l'étampe brû-
lante, vint la décider. Celui-ci suivit d'abord
avec beaucoup d'adresse les mouvemens du
taureau, puis imprima d'une main agile la

titre constitutif de propriété mobiliaire sur la cuisse de l'animal révêche, et termina le différend. Ce coup décisif à peine porté, les deux jeunes gens, abandonnant la partie, s'élancèrent sur les dunes, où ils devoient trouver un refuge assuré. Le taureau relevé fit entendre un cri de fureur, et prit en bondissant le chemin de la plaine.

La description de ce premier combat peut s'appliquer à tous ceux qui lui succédèrent sans interruption jusqu'au milieu du jour. Tous offrirent la même tactique, les mêmes manœuvres, le même résultat, et chaque taureau fut à son tour attaqué, combattu, et marqué de la même manière.

Ce spectacle, peu varié sans doute, mais dans lequel il n'y a point de sang répandu, et qui n'est jamais suivi d'aucun accident, est une affaire essentielle, une véritable fête pour les gens du pays qui s'y rendent en foule. Il amuse un instant les étrangers.

Maintenant revenons à la Teste. L'une des choses qui nous frappent le plus dans ce bourg, c'est d'y voir sans cesse les femmes exclusivement occupées des plus rudes travaux, même de ceux de l'agriculture, et de plusieurs autres qui leur conviennent aussi peu ; perdant de bonne heure le coloris, les

grâces de la jeunesse, et vieilles à vingt ans;
elles fauchent les prairies, bêchent, labourent
la terre, vont chercher le bois à la forêt,
le scient, le fendent, tuent les bestiaux à la
boucherie, tandis que les hommes passent à
peu près tout leur temps étendus sur des tas
de bruyère au soleil, devant leur porte, et
pratiquent sans honte le *far niente* des Italiens.
Au reste, en y réfléchissant un peu,
cela s'explique : les hommes sont ici voués
uniquement aux courses, aux travaux maritimes ; pendant leur absence, les femmes,
forcées de se livrer à toutes les occupations
du dehors, en contractent l'habitude, et les
hommes, à leur retour, s'adonnent à un
repos qui ressemble à la paresse. Il en est à
peu près de même dans les Pyrénées : les
hommes, toujours occupés du soin de leurs
troupeaux, et menant une vie purement
pastorale, laissent à leurs femmes tout le
poids du travail journalier, et les charges
d'une domesticité laborieuse. On peut observer, en général, que plus les peuples sont
restés voisins de cet état qu'on appelle *l'état
de nature*, plus ils exercent cet empire
absolu sur les femmes, qui n'est au fond que
l'impardonnable abus de la force. J'ai vu les
Caraïbes, les plus indolens des êtres créés,

traiter leurs femmes en esclaves ; se faire
oindre par elles le corps d'huile de *caraprat*
et de *roucou;* prendre seuls leurs repas, dont
elles n'avoient que les débris, et leur pres-
crire de travailler la terre autour de leur
cabane, quand ils alloient dormir dans leur
hamac. Les sauvages du Canada, et tous les
sauvages du monde, ont, à cet égard, les
mêmes habitudes. En général, la condition
des femmes, chez les divers peuples de la
terre, peut toujours se calculer d'après les
progrès de la civilisation. Ce n'est que dans
l'état d'une société perfectionnée, qu'elles
jouissent des attentions, des déférences que
leurs grâces réclament, que leur foiblesse
commande, et qu'il est si doux de leur
accorder.

Le commerce précaire et borné des habitans de la Teste ne laisse pas de leur procurer une certaine aisance, qui se remarque
dans leurs vêtemens et dans les divertisse-
mens auxquels ils se livrent les jours de fête.
Nous passâmes dans ce bourg ceux de la Pentecôte, époque où les plaisirs se réveillent
périodiquement chaque année. Ce ne fut que
danses, que festins. Partout les familles, les
amis réunis faisoient éclater l'expression vive
et franche de leur joie mutuelle. Chaque mai-

son offroit un bal ou un repas plus ou moins bruyant, plus ou moins nombreux. A chaque porte étoit assise l'hospitalité ; sur chaque figure se peignoit l'affabilité, et rayonnoit l'allégresse. L'ex-seigneur de la Teste, qui ne s'y étoit pas montré pendant la révolution, y vint alors pour la première fois. L'accueil qu'il y reçut, les prévenances, les attentions distinguées qu'on lui prodigua, doublèrent pour nous l'intérêt de la fête. Comment ne pas jouir de l'hommage public et libre rendu au mérite personnel ? Comment n'être pas touché de la manière dont s'acquittoit de ce devoir un peuple sensible et juste ? Au surplus, nulle rixe, nulle altercation, ne troublèrent les réjouissances de ces jours privilégiés, pendant lesquels on mangea, dit-on, dans le bourg, pour plus de mille écus de viande ; particularité qui caractérise des gens habituellement rassassiés de poisson.

Le commerce que la Teste fait à la côte de la ci-devant Bretagne, où se débite le produit des pins, et d'où se rapportent des grains, des lests en moellons de granit pour la construction des maisons, n'est pas la plus grande ressource des *Bougés*, et la seule qui leur procure de l'aisance ; c'est la pêche, c'est elle qui vivifie la contrée, dont elle occupe tous les habitans.

Quelques détails sur cet objet ne paroîtront pas ici déplacés.

Plusieurs sortes de pêches sont journellement pratiquées à la Teste et sur les bords du bassin d'Arcachon : celle du *peugue*, du palet, de la traîne, de la grande seine, de la sardine, et des divers coquillages. Les marins exercés, les matelots novices, les femmes, les enfans, s'occupent de celle qui leur convient le mieux; il y en a pour tout le monde.

Celle du *peugue*, dont la dénomination est visiblement dérivée de *pelagus*, est celle de la haute mer. Cette pêche est pénible et dangereuse. Les matelots qui la pratiquent s'associent un pilote expérimenté, se réunissent sous certaines conditions, et souvent agissent pour le compte d'un entrepreneur qui fournit le bâtiment, et se charge de tous les frais. Les bateaux qui servent à la pêche du *peugue* sont construits comme les chasse-marées, et du port de dix tonneaux au moins. Ils ne sont pas pontés, mais seulement traversés par des baux ou solives un peu arquées, où s'asseyent les rameurs. Une petite tille est à l'arrière, où se tiennent le compas, le pain, la chandelle; le pilote en a la clef. Ce bateau est en outre pourvu de deux mâts avec leurs voiles, de deux ancres, d'un câble, etc. :

enfin , douze matelots devroient former son équipage ; mais ils sont souvent moins nombreux, ce qui n'est pas toujours sans inconvéniens. Au reste , chaque bateau pêcheur a sa pinasse. J'ai déjà parlé de ces petites embarcations construites en planches de pin refendues et chevillées en bois. Chaque pinasse a son petit mât , sa petite voile, sa petite ancre, quatre avirons, et deux hommes appelés *pescairés* , qui doivent être à peu près considérés comme les valets de l'équipage.

Les deux bâtimens étant gréés et montés , les filets sont mis en état par les matelots. Ce n'est pas un petit travail ; quarante filets au moins sont nécessaires, et il en faut de rechange, pour parer aux accidens de toute espèce auxquels ils sont exposés. Ces filets, de quarante à cinquante brasses de longueur sur une de largeur, sont garnis de liége dans le haut, de pierres et de plomb par le bas. Ils sont triples dans leur épaisseur. Celui du centre , dont les mailles n'ont guère qu'un pouce en carré, flotte entre les deux autres, dont les ouvertures sont de huit à dix pouces. Le tout est fixé sur un grelin ou petite corde de la grosseur du doigt. On se munit enfin de quatre pieux, garnis de crochets de fer, et de quatre bouées de liége, de trois pieds

de hauteur sur un pied de diamètre. Le pilote
et chaque matelot étant pourvus d'une paire
de bottes, d'une paire de sabots, et d'une
espèce de surtout fait de peau de mouton, la
laine en dehors, comme celui des bergers,
on embarque une barrique de vin ; on met de
la paille dans le bâtiment, et lorsque le ciel
sourit, on va tenter fortune. Cette capricieuse
déesse, ainsi qu'on va le voir, fait acheter
cher ses faveurs aux marins de la Teste. Dès
que le bâtiment a gagné le large, ils mettent
d'abord à la mer une de leurs bouées, qui
tient à un grelin de quarante à cinquante
brasses ; ensuite ils jettent successivement les
filets ajustés bout à bout, et dont le dernier
est amarré à bord par un autre grelin ; puis
ils mouillent une de leurs ancres, baissent les
mâts sur lesquels ils étendent leurs voiles, ce
qu'on appelle mettre *à la cape*. Ces opérations
préliminaires étant terminées, ils se couchent
sur la paille : la nuit arrive ; ils soupent, et
attendent le lendemain. Dans cet intervalle,
il survient quelquefois des événemens qui dé-
rangent toutes les dispositions de la veille.
Souvent la mer grossit assez pour interdire
aux matelots la levée des filets pendant trois
ou quatre jours consécutifs. Les filets, quoique
situés à la profondeur de dix à douze brasses,

et chargés d'un poids de plus de deux cents livres, sont alors pour l'ordinaire balottés, déplacés, roulés, déchirés, et transportés en lambeaux à plusieurs lieues de distance. Si donc le temps est mauvais le lendemain, on prend patience ; s'il est orageux , on se désespère ; s'il est favorable, on lève les filets. Cette opération , quelque beaux que soient et la mer et le ciel , ne laisse pas d'être toujours longue et pénible. Les mâts sont alors hissés, le pilote est au gouvernail , la moitié des matelots à ses avirons. L'un d'eux soulève le filet ; deux autres, placés à côté de lui avec les pieux armés de fer , assomment les gros poissons, et deux autres dans le fond du bateau achèvent de dégager du filet le produit de la pêche. Il faut considérer que , pendant ce travail, le vent est quelquefois violent, la mer houleuse et très-agitée ; que les matelots sont toujours en chemise, en simple culotte de toile , pieds nus et tête nue. Dans l'hiver sur-tout, les rigueurs de cette matinée laborieuse et de la nuit qui l'a précédée, ne peuvent s'apprécier ni se décrire. Ce n'est pas tout encore ; la pêche terminée, il faut rentrer ; si le temps est mauvais, c'est souvent le plus difficile. Ecoutons Beaurein, qui nous peint le retour des pêcheurs du *peugue* par

un gros temps, avec ce ton de bonhomie qui
caractérise tous ses écrits. « Les voiles, dans
» cette circonstance, sont baissées, dit-il ;
» chaque matelot est à son poste, ayant le
» dos tourné vers l'endroit où il doit aller.
» C'est pour lors que le pilote seul a le visage
» tourné vers l'avant. C'est sur cet homme
» expérimenté que tout l'équipage se repose.
» Il observe les balises jusqu'au moment où
» il les voit vis-à-vis l'une de l'autre (ce
» sont des pins élevés sur les dunes, et qui
» indiquent l'entrée de la passe.) Le pilote
» crie, à chaque lame qu'il voit venir, *Gare*
» *la lame !* Alors chaque matelot s'accroche
» avec son aviron au bois sur lequel il est
» assis, et passe son aviron par dessous. Le
» pilote même est attaché au bateau avec
» une corde, crainte que la vague ne l'en—
» lève, ce qui n'est pas sans exemple. Si,
» avec toutes ces précautions, le pilote man-
» que la lame, ou qu'elle crève en dehors
» (c'est-à-dire vers la mer), dans ce cas la
» chaloupe périt corps et biens : si, au con—
» traire, la lame crève en dedans, la seule
» force du courant fait avancer le bateau de
» plus d'une demi-lieue dans le bassin, sans
» voile ni rame ; et on chante, ajoute-t-il,
» des litanies. » Tout se passe encore à peu

près de même dans les mêmes circonstances, lors de la rentrée d'un bateau pêcheur. A la vérité, plus de litanies ; on chante autre chose, ou l'on ne chante rien.

Qu'on juge maintenant ce qu'il en coûte de peines, et combien l'on court de dangers pour faire manger aux Bordelais des turbots, des grondins et des soles !

La pêche du palet n'offre point les périlleux hasards de celle du *peugue* ; elle se fait dans le bassin. Huit à dix matelots s'associent pour cette pêche, se pourvoient de longs pieux de bois pointus par un bout, et fourchus par l'autre, et, en outre, de cinq à six filets de trente brasses chacun, dont un spéculateur a souvent fait les avances. Ces matelots montent ensuite deux à deux dans des pinasses, et se rendent à marée haute sur une partie de la plage que la mer laisse à découvert lorsqu'elle se retire. Ils fixent leurs filets sur le sable submergé avec de petits crochets de bois, et les disposent circulairement, en laissant une ouverture vers le rivage où les pinasses sont mouillées. La marée descend : les pinasses entrent alors dans l'espace circulaire ; leur équipage relève les filets sur les pieux fourchus, et lorsqu'ils sont à sec, on se saisit de tout ce qu'ils contiennent. On y trouve des

des rougets, des maquereaux, et quelquefois
de petites soles.

Les mêmes poissons se prennent à la pêche
de la traîne, qui se pratique dans le bassin
et sur quelques parties de la côte. Quatre ou
six matelots s'embarquent dans une pinasse
avec un filet de cinquante ou soixante brasses.
Ce filet, garni de liége et de plomb, appartient à un maître de pêche qui reste sur le
rivage, et qui tient attaché à son bras, pour
plus de sûreté sans doute, un petit grelin
amarré au filet. La pinasse vogue à quarante
ou cinquante pas de la côte. Lorsque le maître,
qui marche sur le rivage parallelement à la
pinasse, juge à propos de faire jeter le filet,
un signe de sa part avertit les matelots : le
filet tombe ; l'équipage rame alors avec force,
et revient à terre en décrivant un demi-cercle.
On tire le filet, et avec lui tout le poisson qui
s'y trouve pris.

La manière dont on pêche à la grande
seine est assez connue. Elle se pratique dans
le bassin et sur la côte ; nous ne la décrirons
point. Les filets dont on se sert pour cette
pêche ont de cent vingt à cent trente brasses
de longueur.

Celle de la sardine se fait dans le bassin,
avec un filet de douze pieds de haut sur vingt-

cinq de long. Deux hommes dans une pinasse
jettent des appâts , et se servent principalement du frai de poisson, que la rivière de
Leyre leur fournit en abondance. Ils promènent ensuite le filet dans les lieux où ils ont
répandu les amorces. Attaché à la pinasse,
ce filet racle le fond, au moyen des poids de
plomb qu'il porte à sa partie inférieure. Lorsqu'on le lève, si la pêche est bonne , dit
Beaurein , chaque maille du filet tient une
sardine suspendue par les ouïes ; il semble
alors , ajoute-t-il , que ce filet est couvert de
lames d'argent. Cette pêche se fait, à la Teste
comme sur toute la côte, au commencement
de l'été.

Les huîtres, les pétoncles, les coutoyes et
autres coquillages, se pêchent à la drague,
ou se ramassent tout simplement à la main
dans les parties du bassin qui se découvrent
à marée basse. Les huîtres qu'on se procure
par le premier de ces moyens s'appellent
huîtres de drague ; les autres sont connues
sous le nom d'*huîtres de gravette.*

On connoît la drague ; c'est un instrument
de fer décrit dans le Traité des Pêches de
Duhamel, et en usage sur toutes nos côtes.
Deux hommes traînent la drague amarrée à
une pinasse , dans les chéneaux ou canaux

du bassin : ils rament avec force, emplissent la drague, et la vident dans la pinasse.

Les femmes et les enfans s'occupent de cette pêche, et la pratiquent presque exclusivement sur les *crassats* ou bancs de sable qui se découvrent à marée basse dans toute l'étendue du bassin. On arrive alors ; on mouille sur le *crassat*, et lorsque la mer est tout-à-fait retirée, les huîtres, les autres coquillages sont là ; il ne faut que se baisser pour les prendre. On se sert d'un râteau pour les ramasser ; on en remplit des paniers qu'on porte dans les pinasses ou sur le rivage.

C'est encore sur les *crassats* que se fait une chasse sur laquelle je ne puis m'empêcher de m'arrêter un instant. C'est celle des canards sauvages, qui ne manquent pas d'arriver à l'entrée de l'hiver dans le bassin, en troupes innombrables. La mer est alors couverte de ces oiseaux, et souvent l'air en est obscurci. Obligés sans doute par les glaces du Nord à fuir leur pays natal pour chercher des climats plus doux, ils viennent habiter le bassin d'Arcachon, où ils trouvent une eau qui ne gèle point, une nourriture qui leur convient, et plusieurs autres rapports avec leurs habitudes naturelles. Quelques-uns passent ensuite dans les environs , et même jusque dans nos contrées , où ils sont regardés comme les précurseurs d'un froid prochain et rigoureux. Ne se fixant nulle part en aussi grande quantité que dans cette baie , ils y deviennent pendant quelques mois , pour les habitans , une ressource aussi abondante que lucrative. Les filets à l'aide desquels on prend ces oiseaux sont tendus sur les *crassats* avec de longues perches qui les tiennent élevés. Les canards , dont la vue est très-perçante , les évitent pendant le jour ; mais quand il ne pleut point , qu'ils ne peuvent , comme on le dit ici , *boire sur l'aile* , et qu'ils vont chaque soir se désaltérer dans l'étang de Caseaux , ou dans les marais voisins , c'est à leur départ, c'est à leur retour , par les temps de brume , et le matin sur-tout , qu'ils deviennent la proie du chasseur. Ils se prennent alors quelquefois en si grand nombre , que , dans certaines matinées , un seul particulier en ramasse , dit-on , la charge de cinq à six chevaux , et qu'on les expédie à Bordeaux par charretées. Il n'est pas douteux qu'il ne se trouve de belles espèces , des espèces rares , ou peut-être même encore inédites dans cette multitude de canards , où se mêlent souvent des grèbes , des plongeons , et d'autres oiseaux de la même

famille. Le tadorne, le morillon ; y ont été
reconnus par les naturalistes de Bordeaux,
qui, en observant avec soin tous les oiseaux
de ce genre apportés dans les marchés de
cette grande ville, pourroient y rencontrer
des espèces nouvelles. Il n'est point rare que
les habitans de la Teste conservent d'une
année à l'autre quelques-uns de ces canards
dans leurs basses-cours. Ces oiseaux, très-
voraces, sont peu farouches, et s'apprivoi-
sent aisément. J'en ai vu plusieurs dans les
basses-cours de différens particuliers. Chez
l'un d'eux, j'ai remarqué sur-tout une petite
sarcelle fort jolie, très-familière avec les
gens de la maison, et que je crois être l'*anas
crecca*, ou pour le moins une variété de cette
espèce.

La chasse des oies sauvages décrite par
Pallas, sur les lacs de la Tartarie orientale
ou de la Sibérie, a quelque ressemblance avec
celle des canards dans le bassin d'Arcachon ;
mais elle est mieux entendue et plus féconde
en résultats avantageux. Pall. , *Tom. III*,
pag. 423.

Mais trop tard, peut-être, je regarde le
volume de mon manuscrit, qui s'est insensiblement accru d'une foule de remarques
précipitées, d'observations hasardées, d'inu-

tiles descriptions, et je m'arrête. Ce n'est pas sans effroi que je considère à tête reposée tout ce qui est venu, pour ainsi dire de soi-même, se placer ici sous ma plume incertaine, et tout ce qu'elle a tracé sans conséquence et sans pretention. Cependant si le lecteur a daigné m'accorder quelque intérèt, et s'il veut finir avec moi ce petit voyage, pour ne point le ramener par la même route, je prendrai celle de Bordeaux.

Cette route, d'abord la même que celle de Bazas, conduit en partant au bac de Lamothe. Elle se perd ensuite dans le quartier d'Argenteyres, où l'on ne voit, dans une immensité de landes, qu'une petite chapelle et huit à dix maisons. On a cherché l'étymologie du mot *Argenteyres* dans la langue celtique; mais de quelque manière qu'on s'y soit pris, on n'a rien trouvé de satisfaisant ni de vraisemblable. Dans cette langue, selon Beaurein, qui cite Bullet, *argen* signifie rivière ou marais; il n'y a ici ni marais ni rivière. Si l'on décompose ce mot, sa première syllabe *ar*, ajoute-t-il, est une pierre. Sans nier que cela puisse être, je lui fis observer cependant que c'est aussi l'article défini *le* qui s'est conservé dans le bas-breton; *ar mor* la mer; *ar diin* ou *ar den* l'homme;

ar maouez ou *ar vaouez*, la femme : mais n'importe. Beaurein dit encore que *gent* adjectif, pour *ven* sans doute, désigne que la pierre est blanche ou belle. Mais il n'y a point de belles pierres dans ce pays maudit; les seules qu'on y trouve sont de grès ferrugineux extrèmement grossier. Ces pierres ne sont ni blanches ni belles. D'un autre côté, le mot *gent* indique aussi, selon certains auteurs, un lieu clos par des murailles. Sans doute rien ne s'oppose à ce que cette étymologie ait pu convenir jadis à quelque portion de la plaine d'Argenteyres ; mais les deux dernières syllabes, pouvant venir de *Touron* ou de *Torat*, désigneroient toujours une rivière, un ruisseau, ou pour le moins une fontaine. Il faut donc perdre l'espoir d'exhumer de la langue celtique l'origine d'un nom de lieu qui, se rapprochant de beaucoup d'autres, de l'ancien nom de Strasbourg, par exemple, ne sort peut-être pas de la même source, et n'a nul rapport avec aucun d'eux. Rien n'est aussi plaisant que de voir un savant robuste se débattre au milieu de pareilles difficultés. Lorsqu'il est forcé d'abandonner la discussion infructueuse, il a l'air *désappointé* d'un homme à la fois déçu de l'espérance la plus chère et la mieux fondée. Après tout, dans quel genre

que ce soit, la déconvenue est en raison du
degré d'intérêt qu'on apporte à l'objet de ses
recherches. Malgré l'apparente aridité de
celles dont il s'agit, on ne peut disconvenir
cependant qu'elles ne soient souvent cu-
rieuses et parfois utiles. Ce sont au moins
des espèces de logogriphes qu'on est bien
aise de deviner, et que chacun peut, sans
de graves inconvéniens, expliquer à sa guise.

Parvenus au petit village de la Croix de
Heins, nous eûmes l'occasion de reprendre
notre revanche, en suivant les idées étymolo-
giques que nous avions creusées sur la route,
ne pouvant faire quelque chose de mieux. La
Croix de *Heins*, selon d'Anville et Beaurein,
étoit l'ancienne limite des territoires respectifs
des Boyens et des Bituriges-Vivisques, premiers habitans de Bordeaux. Pour le coup, la
chose est prouvée. *Fines* étoit le nom reçu,
dans la basse latinité, des bornes posées sur
les territoires contigus. On en voit des exemples dans le ci-devant Orléanais, le pays
Chartrain, la Bourgogne, la Champagne, la
Lorraine. La trace de ce mot s'est aussi conservée dans celui de *confins* et dans le verbe
confiner : en style de barreau, on dit finage
pour borne, limite. Tant d'exemples sont
superflus : il nous suffit de savoir que, dans

toute l'ancienne Gaule, et dans toutes les parties de l'Europe jadis soumises aux Romains, il y a beaucoup de lieux qui ont gardé le nom de *Fines*, de *Fins*, de *Feins*, tiré de leur position sur la ligne de démarcation des territoires. Or, point de doute que ces *feins* n'aient été traduits en *heins* par les Gascons, qui changent, comme on le sait, l'*f* en *h* dans leur langage. Beaurein en apporte une preuve incontestable. « Dans le diocèse de Dax, dit-il, sur les limites qui séparent cet évêché de celui de Bayonne, une paroisse appelée Saint-Martin de *Heins* est nommée, dans un titre latin daté de l'année 1491, *Sancti-Martini de Finibus.* » Cela est clair et sans réplique. Nous sommes d'ailleurs à la Croix de *Heins*, sur une voie romaine que nous suivons presque depuis la sortie du bois de Lamothe. Elle est visible en quelques endroits, se perd, reparoît ensuite, et se manifeste ici pleinement avec les débris de constructions antiques mentionnés par Beaurein. Si donc il ne nous a pas été donné de sortir avec honneur de l'étymologie d'Argenteyres, tout se réunit ici en faveur de celle de *Heins*, et nous devons nous reconnoître avec orgueil sur la limite des deux anciens territoires. Les antiquaires, déconcertés et chagrins lorsque leur érudition est en défaut ou se trouve insuffisante, doivent sauter de joie lorsque aussitôt après elle les sert si heureusement, et qu'un corps de preuves aussi complet se réunit en leur faveur. Quel contentement j'éprouverois en pareille occasion, si j'avois l'honneur d'être antiquaire !

Quant à la voie romaine sur laquelle nous cheminons en raisonnant de la sorte, connue aujourd'hui sous le nom de *Levade* ou de *Camin Bougés* (chemin des Boyens), elle se prolonge dans les landes, et se trouve comprise dans l'itinéraire d'Antonin. C'est elle qui conduisoit d'*Aquæ Tarbellicæ* à *Burdigala*, passant par *Mosconium*, *Segosam*, *Losam*, *Salomacum* et *Boii*. Où donc étoit situé *Boii*? Son emplacement, je l'ai déjà dit, seroit à jamais pour nous dans le vaste pays des conjectures, s'il n'etoit très-vraisemblable qu'il n'existe plus.

En partant de *Heins*, où l'on a recueilli des médailles romaines, entre autres celle bien connue de Vespasien, qui consacre la conquête de la Judée, et qui porte cette légende, *Judæa capta*, on se rapproche du Médoc, qu'on a d'abord sur la gauche, et dans lequel on se trouve bientôt. Cette langue de terre située entre la mer et la Garonne, et qui se rétrécit toujours jusqu'à l'embouchure de ce fleuve , fut la patrie des *Meduli* , peuples de l'Aquitaine. Ce pays est en général très-plat, offre beaucoup de marais, très-peu de sources et d'eaux courantes. Des pluies l'inondent , des brouillards le couvrent presque continuellement pendant l'hiver ; et par l'effet d'une imperturbable alternative , d'une désolante compensation, de longues sécheresses, d'excessives chaleurs y font de l'été une saison intolérable. Avec cette température habituelle, le Médoc ne sauroit être que très-malsain. Les fièvres les plus rebelles y sont endémiques ; et les habitans, à la réserve de ceux de quelques communes riveraines, y sont tous d'une complexion foible, d'une débilité remarquable, et ne vivent pas long-temps. Là se trouve en défaut la maxime du savant comte de Stolberg sur l'analogie qui doit régner en général , dit-il , partout entre la constitution physique du peuple des campagnes et celle du bétail. Dans le Médoc, les bœufs sont grands et forts ; l'espèce humaine petite et misérable. Ce principe, néanmoins, se justifie le plus souvent , et notamment, comme nous l'avons déjà vu, dans les Landes.

Le Médoc offre quelques anciens usages

remarquables, que le caractère apathique des habitans, peu enclin au changement, ne fût-ce que par nonchalance, a conservés. Parmi ces usages, celui qui se pratique lors de leurs mariages est l'un des plus singuliers. Je le dois, ainsi que tout ce que je vais dire sur ce pays, à un mémoire manuscrit que M. Bergeron a lu en l'an 8, à la Société des Sciences de Bordeaux, et qu'il a bien voulu me communiquer.

Le jour de la célébration de la noce, le plus proche parent de la future reçoit d'elle un mouchoir. Il l'attache au bout d'une perche, l'orne de rubans, et marche devant le cortége lorsqu'il se rend à l'église. Un autre parent tient à la main un balai de petit houx, *ruscus aculeatus*. Ce balai fut-il employé dans l'origine, dit M. Bergeron, pour éloigner les sorciers et se délivrer de leurs maléfices ? Cela peut être chez un peuple jadis très-superstitieux, et qui l'est encore. Quoi qu'il en soit, ce n'est plus aujourd'hui la seule fonction du porte-balai ; il doit aider à déblayer le chemin des obstacles et des embarras de tout genre qui pourroient retarder le cortége. On se doute bien qu'à cet égard les voisins s'amusent à lui donner de l'occupation, et qu'ils portent sur la route tout ce qui peut la salir

-et l'encombrer. Cette espèce de plaisanterie,
cependant, n'est pas la dernière ni la meilleure ; la voici : Le lendemain de la noce,
les convives de la veille se rendent encore
chez les époux ; ils mangent et dansent avec
eux. Jusque-là tout se passe à merveille ;
mais vers midi, au moment où l'on y pense
le moins, le porte-enseigne allume tout à
coup le balai, tombe sur les convives avec
cette espèce de torche enflammée, les chasse
de la maison, les poursuit en leur disant :
*Retirez-vous, gens de la noce, chacun chez
vous ; la mariée n'a plus besoin de vous.*
C'est ainsi qu'on congédie poliment les voisins, les amis, les parens, et qu'on termine
la fête.

Je ne m'arrêterai point sur mille détails
de cette sorte, consignés dans le mémoire
ci-dessus cité ; je mentionnerai seulement
une foire qui, comme celle de Lubbon, ne
se tient que la nuit, et où l'on ne vend
que des animaux éreintés, estropiés ou malades, ainsi qu'une autre foire où l'on ne
trouve que de l'ail ; ce qui doit donner
un aperçu de la délicatesse et du goût que
les Médoquins apportent à leur cuisine. Ils
ne sont, au reste, pas mieux logés que
nourris, au moins dans la partie occidentale

ou maritime. La pierre, l'argile même y sont très-rares ; la chaux et la tuile n'y existent point. On construit les habitations avec des gazons taillés en cubes, et nommés *queyrous*, du latin *quadratus* sans doute ; on les couvre avec les feuilles du roseau des sables, *arundo arenaria*, qu'on appelle *gourbet*, et qui croît abondamment sur les côtes. Si ces bâtimens ne sont pas fort solides, s'ils exigent des réparations fréquentes, leur couverture très-légère, impénétrable à la pluie et à l'air extérieur, lorsqu'elle est bien faite, dure vingt ans au moins.

Ce sont les habitans à demi-sauvages de ces misérables huttes qui parcourent les bords de la mer dans les gros temps, et qui guettent avec l'œil affamé, l'œil criminel de l'envie, le moment où les vaisseaux viendront se briser sur le rivage. La nuit la plus affreuse n'est pas celle où ces espèces de barbares se rassemblent le moins sur ces bords malheureux. Là, pendant la tempête, les hommes, les femmes, les enfans réunis, appellent le naufrage. Si le jour leur montre des débris jetés à la côte, ils poussent à l'envi des cris de joie : leurs vœux sont accomplis. *Avarech ! avarech !* est le mot de ralliement, le signal du pillage. Ce mot, à l'instant répété de bouche en bouche, est proclamé dans les communes voisines. On accourt, on arrive de toutes parts, et chacun s'approprie avec allégresse la proie que lui présente un sort aveugle et cruel. Quelquefois l'infortuné que l'Océan vomit à moitié mort sur le sable, est impitoyablement dépouillé. Quelquefois..... mais l'humanité frémit sur les scènes déplorables qu'offrent trop souvent ces heures de douleur : je ne saurois les retracer ici ; ma plume s'y refuse.

Cependant, si les habitans des landes du Médoc nous épouvantent alors par des actes de férocité qui révoltent, ils se recommandent sous un autre rapport par un monument de raison et de sagesse, auquel on applaudit. Comme dans la nature, le bien et le mal se compensent souvent dans la société, et les brigands sentent eux-mêmes l'indispensable besoin de réprimer le brigandage ; ces mêmes hommes de rapine et de sang, sur leurs affreuses plages, s'étoient volontairement soumis à un code qu'une longue habitude avoit consacré, et qui, sanctionné par l'assentiment général, étoit observé dans la contrée comme un véritable corps de lois. Le parlement de Bordeaux l'avoit homologué, et il n'y a que peu d'années qu'il étoit encore en vigueur. S'il n'existe plus aujourd'hui, ce qui est vraisemblable, je n'ai pas dû, en parlant d'un pays sur lequel il y a si peu de bien à rapporter, le passer sous silence.

En discourant sur ces divers sujets, en nous livrant aux réflexions qu'ils inspirent, nous trompions les ennuis de la route, qui s'abrégeoit insensiblement. C'en est fait, elle touche à son terme ; Bordeaux se montre à l'horizon. Le clocher tronqué de *Peyberland*, la base de celui de Saint-Michel, les aiguilles de la métropole paroissent ; bientôt le dôme du magnifique théâtre élevé par l'architecte Louis frappe à son tour les regards, et le lion de la tour du beffroi se distingue. Ce lion, animal symbolique de l'ancienne Guienne, appuyé par ses pattes antérieures sur un globe, et servant de girouette, est là singulièrement placé : il y est en dépit de la nature, du bon sens et du goût. La sauterelle qui servoit de cimier aux armes de Gresham, est bien mieux située sur l'horloge de la bourse de Londres. Mais cessons enfin de discourir ; j'achève ma petite excursion à cinq heures du soir, j'entre à Bordeaux, et je m'y perds dans la foule.

M. Malte-Brun, rédacteur des *Annales des Voyages*, ayant publié quelques observations dans une note insérée au 18.ᵉ vol. pag. 220 de cet ouvrage périodique, sur l'origine des Boiens, telle qu'elle est présumée par M. de Saint-Amans, celui-ci lui adressa la lettre suivante.

A M. MALTE-BRUN,

Correspondant de l'Académie Italienne, de la Société d'Émulation de l'Isle-de-France, et de plusieurs autres Sociétés savantes et littéraires.

Saint-Amans, près d'Agen, le 18 octobre 1812,

MONSIEUR,

JE reçois le n.° 53 de vos Annales, dans lequel vous avez inséré une note qui a pour objet mon hypothèse sur les Boiens. Permettez-moi de vous dire un dernier mot à ce sujet.

Mon hypothèse est bien hasardée ; je le sais, Monsieur : mais est-il possible d'en émettre une, sur l'origine de ce peuple, qui ne soit hasardée, ou plus ou moins défectueuse ? Le silence de l'histoire et de la tradition ouvre, à cet égard, un champ si vaste aux conjectures, que chacun semble pouvoir le parcourir, et s'y égarer même, sans compromettre ses droits à l'indulgence des savans. Les Boiens paroissent, en effet, presque partout, sans que leur origine soit constatée nulle part. Leurs marches, tantôt directes, tantôt rétrogrades, se croisent; leurs alliances se multiplient, se compliquent tellement dans les auteurs, qu'on erre le plus souvent avec ces derniers dans l'incertitude, et qu'on est autorisé à former des conjectures pour remplir les lacunes qu'on trouve dans leurs écrits. C'est ainsi, Monsieur, que l'histoire de ce peuple n'ayant, à vrai dire, ni commencement, ni fin, nous y avons suppléé, vous et moi, en procédant en sens contraire. Je ne cherche point à justifier la route que j'ai prise; mais voici les faits qui, sur cette route, m'ont servi de jalons.

D'abord, s'il est quelque chose de prouvé dans l'histoire des Boiens, c'est leur entrée en Italie par les Alpes pennines, fait essentiel qu'il ne faut pas oublier; c'est leur établissement subséquent dans la partie méridionale de la Gaule cisalpine; c'est leur défaite, par le dictateur *Sulpicius*, aux champs de Preneste, jusqu'où ils s'étoient avancés. Chassés de l'Italie, je les vois se répandre sur les bords du

Danube, aux confins de la Pannonie et de l'Illyrie, où ils s'allièrent avec les *Taurisci* et les *Scordisci*, et firent la guerre aux peuples de la Noricie. Taillés en pièces par les Gètes, je suis leurs traces en Bohême, d'où ils sont chassés par les Marcomans : enfin ils se divisent, sans qu'on sache précisément à quelle époque. Une partie se réunit aux Helvétiens ; le reste se confond avec divers peuples auxquels il donne son nom, et paroît s'établir définitivement en Bavière. Je date de cette époque l'alliance des Boiens avec les peuples Teutoniques, Belgiques, etc., qui peut les avoir fait regarder comme une tribu de la série de ces peuples. Je ne tranche aucune difficulté. L'origine présumée Germanique ou Belgique des Boiens en étoit une pour moi ; je l'explique. Il en est ainsi de leur arrivée des bords du Danube ; cette arrivée n'étoit qu'un retour, et ne peut donner lieu à les croire originaires de ces contrées. J'ai pensé d'après cet aperçu, précisé sur le rapport des historiens, que les Boiens devoient être indigènes de la Gaule proprement dite, d'où ils paroissent faire leur entrée dans le monde, si l'on peut s'exprimer ainsi. D'ailleurs, je ne suis ni le seul, ni le premier qui ait regardé les Boiens comme de vrais Gaulois : quelques au-

teurs l'ont avancé. En partageant cette opinion, je n'ai pu reconnoître la mère-patrie des
Boiens dans cette région située au-delà du
Rhin, qui reçut quelquefois le nom de Gaule,
sans doute à cause des établissemens que les
peuples de la Gaule ancienne y avoient formés.
J'ai dû chercher cette terre natale en deçà
des Alpes, et la voir naturellement dans notre
Aquitaine maritime, où personne ne révoque
en doute l'existence des Boiens en corps de
nation. Quant à la catastrophe qui peut avoir
déterminé leur première émigration, j'avoue
qu'elle se présente avec une apparence d'im-
probabilité qui ne prévient point en sa faveur :
cependant elle paroîtra peut-être moins gra-
tuite, si l'on considère la géographie physique
du golfe sur le bord duquel l'antique Boios
ou *Boïï* étoit situé. Peu en avant de la côte,
on trouve tout-à-coup une grande profondeur
qui se prolonge jusqu'à une distance plus ou
moins éloignée. Le sol se rélève ensuite insensiblement, en indiquant une chaîne de
montagnes soumarines qui s'étend depuis les
rochers de Cordouan jusqu'au cap Méchaco,
en Galice. Il est certain que si la mer venoit
un jour à surmonter le dos-d'âne, ou l'espèce
de crête qui traverse les landes, elle iroit
frapper les hauteurs qui bordent la rive droite

de la Garonne, et qu'alors les atterrissemens
du golfe , pris sur une région actuellement
habitée, offriroient le même enfoncement litto-
toral, et, plus loin, une élévation analogue
à celle qu'on y remarque aujourd'hui. Cette
disposition du terrain couvert par les eaux
de la mer, disposition connue de tous les
navigateurs qui fréquentent ces parages, doit
diminuer, ce me semble, l'invraisemblance
d'un événement dont le retour ne peut se
présumer, mais qui, en se renouvelant, lais-
seroit après lui, précisément, les mêmes
traces. Je ne croirois donc pas impossible
qu'on ne fût tenté d'envisager comme le
berceau des Boiens , la grande vallée qui
paroît résulter de l'espace compris entre la
côte actuelle et l'éminence soumarine. On
entreverroit alors la preuve de l'émigration
forcée, qui, sans servir de base à ma hypothèse , lui prêteroit cependant un appui.
Au reste, je ne cherche nullement à soutenir
cette hypothèse, à laquelle je ne tiens pas.
Mais, Monsieur, si nous faisons marcher
avec vous les Boiens en sens inverse, nous
n'obtiendrons guère de résultats plus heureux.
Ce ne sera qu'à l'aide de conjectures aussi
laborieuses, de suppositions aussi hasardées,
et en éludant les difficultés, que nous ferons

arriver les Boiens sur nos côtes, où il faut
enfin qu'ils parviennent. Ce peuple, d'abord
agresseur et victorieux, ensuite, comme beaucoup d'autres, à son tour attaqué et vaincu,
paroît s'être divisé lors de ses revers, ainsi
que nous l'avons observé. Est-ce les restes
des Boiens réfugiés en Bavière, qui envoyè-
rent des colonies sur les bords de l'Océan
Aquitanique, à travers tant d'autres peuples
qui devoient s'opposer à leur passage ? Est-ce
les autres Boiens, qui, joints aux Helvétiens,
furent battus par César, et durent, à l'in-
tercession des Eduens, un petit territoire
entre les fleuves *Liger* et *Eleaver* où ils
s'établirent, sans qu'on entende plus parler
d'eux dans la suite ? Les mêmes difficultés
subsistent, et le même silence règne dans
l'hisoire à l'égard des uns et des autres. Il
est églement improbable qu'affoiblis par leurs
revers, sur le déclin de leur fortune et de
leurs foces, ils aient entrepris une pareille
expédition. Les derniers, surtout, consignés,
pour ains. dire, entre la. Loire et l'Allier,
n'auroient osé s'aventurer de la sorte dans
un pays soimis à leur vainqueur, quand
bien même l ne leur auroit pas fait bâtir
la petite ville de *Gergovica*, pour les fixer
sur leur nouveau territoire. Comment se trou-

vent-ils donc établis en Aquitaine? Etoient-ils indigènes, ou étrangers dans la contrée de Buch? Puisque la question reste dans toute son intégrité, il me semble aussi naturel de croire à l'émigration des Boiens dans un temps antérieur à l'histoire, que de supposer leur arrivée furtive sur les côtes de l'Aquitaine à une époque où les historiens auroient dû la mentionner; attendu qu'ils avoient déjà signalé leurs guerres, leurs succès, leurs défaites, et leurs établissemens dans beaucoup d'autres contrées.

Les mots de *Buch*, d'*Eyre*, etc., vous paroissent, Monsieur, servir de preuves à votre conjecture sur l'arrivée des Boiens dans nos landes maritimes, où ils seroient venus chercher, selon vous, des arbres résineux. Mais la preuve qui résulte de cette idée ingénieuse semblera bien légère, si l'on réfléchit qu'il est tout aussi naturel de croire à l'exportation de ces mots, qu'à leur importation présumée. Ne peuvent-ils point, en effet, avoir été transmis à d'autres peuples, et laissés en Germanie par nos Boiens, tout aussi facilement qu'introduits par les vôtres en Aquitaine?

J'ai aussi quelques difficultés à vous proposer sur certains de ces mots. Celui d'*Eyre*, par exemple, pourroit bien être celtique; du moins se trouve-t-il accolé avec l'article *ar*, et l'adjectif *vent* ou *gent*, bien certainement celtique dans *Argenteyres*, qui signifieroit alors en cette langue, beau gravier ou gravier blanc, et nous donneroit l'étymologie du nom de ce territoire inculte qui nous avoit d'abord embarrassés. Quant à l'*Avarech* (ar varech, peut-être), des Médoquins, indépendamment des peuples chez lesquels vous trouvez *wrack* ou *wrack*, en usage, les Anglais s'en servent encore en qualité de Saxons. Il y a bien plus; *Avarech* s'est conservé sur toutes nos côtes de l'Océan, où il a formé *varec*, nom donné aux plantes marines que les flots jettent sur le rivage, et dont les botanistes ont fait leur genre *fucus*. Le français lui doit aussi *avarie*, et *avarié*. Il se retrouve même dans naufrage, *brisement*, *rupture*, *fracture de la nef*. L'italien *naufragio*, le latin *naufragium*, *navis fractio*, le retracent encore. Or, il paroît bien difficile de tirer une induction locale, de faire une application particulière, de ce mot, qui figure dans presque toutes les langues de l'Europe, et qui dérive du latin *fractus*, ou plutôt de quelque idiôme primitif; ce que sa résonnance imitative semble faire présumer.

Enfin, Monsieur, vous confondez les Boates
et les Boiens, et traitez leur peuplade d'imperceptible. Imperceptible , soit ; mais,
pourroit-on vous dire, cela dépend peut-être
de l'époque où vous voulez bien vous occuper
d'elle. Vous parlez ainsi, sans doute, des
Boiens, lorsqu'ils étoient déjà presque anéan-
tis sur leur terre natale : Et combien n'y a-
t-il pas de peuples, jadis très-nombreux, qui
sont devenus aujourd'hui plus imperceptibles
que les Boiens n'étoient alors, puisqu'on
ignore le lieu où ils existoient ? Les Boates,
d'ailleurs, ne sont guère connus que par le
nom de leur ville, *Boatium civitas*, située
en Novempopulanie. Ne faisoient-ils réelle-
ment qu'une seule et même peuplade avec les
Boiens ? Cela mériteroit d'être prouvé, au
moins discuté ; car, enfin, les Boiens, *Boïi*,
comme vous le dites fort bien, les garçons
par excellence, les courageux, les vaillans,
ne sont pas les Boates, dont le nom ne rappelle, autant que je puis le savoir , aucune
épithète honorable. Je ne nie point l'identité ;
mais, si elle n'est pas démontrée, je ne se-
rois nullement surpris que les lecteurs peu
instruits dans ces matières, ne vissent rien
de commun, entre ces deux peuples, que la
lettre initiale de leur nom respectif.

Les Boyens occupoient la contrée de Buch, et les Boates la Novempopulanie, où ils habitoient le pays de *Labourd* ou *Labord*, dont Bayonne, *Boatium civitas*, étoit la capitale. Ces peuples étoient voisins ; ils eurent peut-être une même origine ; mais les Boates, dont on ne parle presque point, ne sauroient être, à la rigueur, les Boiens qui figurent si souvent, et avec tant d'éclat, dans l'histoire.

Je n'entends point, au reste, Monsieur, faire de cette lettre une dissertation, dans l'objet sur-tout de prouver la bonté de mon hypothèse. Je connois toute sa foiblesse : je sais qu'elle est bien hasardée ; mais je n'ai pu me refuser à vous manifester avec franchise mon opinion sur celle que vous adoptez, et qui me paroît présenter des objections tout aussi difficiles à résoudre. J'ai donné mon avis sur l'origine des Boiens , sans conséquence ; je l'ai comparé au vôtre , sans amour-propre ; et vous soumets aujourd'hui mes doutes , sans prétention.

Il en est ainsi, Monsieur, de mes idées sur les plantations des dunes. Ce que vous dites des travaux de M. Biorn, votre compatriote, est sans doute d'un grand poids. Mais ne tiendra-t-on nul compte des localités ? Les dunes de la Prusse peuvent être, à beaucoup d'égards, très-différentes de celles de la Gironde. Leur position n'est certainement pas la même. Elles ne sont pas situées sur le bord d'une mer aussi vaste, au fond d'un golfe si constamment agité ; elles ne sont peut-être pas aussi mobiles, et peuvent n'être point habituellement bouleversées par un vent aussi violent. La justice que vous rendez, d'ailleurs, au mérite particulier de M. Biorn, éloigne tout soupçon qu'il se soit trop avantageusement prévenu sur le succès des travaux qu'il est appelé à surveiller, et qui sont pour lui l'objet d'une fonction aussi honorable que lucrative. J'ai vu des travaux analogues commencés sur nos dunes : plus difficile qu'un autre, peut-être, j'ai eu des doutes ; et plus téméraire, je les ai manifestés. Aujourd'hui j'ai tort, si l'on m'objecte les résultats de l'expérience : dans quelques années, à l'aide aussi des résultats d'une expérience plus prolongée, il se peut que j'aurai raison.

Quoi qu'il en soit, Monsieur, je tiens tout aussi peu à mes idées sur les plantations des dunes, qu'à mes conjectures sur les Boiens ; mais je tiens beaucoup à ce que vous soyez convaincu et de l'estime que j'ai conçue pour

vos talens ; et de la considération distinguée
dont je vous prie d'agréer l'expression.

C'est avec ces sentimens que j'ai l'honneur
de vous saluer.

SAINT-AMANS.

ITINÉRAIRE BOTANIQUE

OU

CATALOGUE

Des Plantes les plus remarquables observées dans le cours du voyage précédent.

Nota. J'emprunte aux antiquaires les signes qu'ils employent dans leurs répertoires pour marquer le degré de fréquence ou de rareté des médailles.

Après le nom et la station d'une plante, C signifiera dans cet itinéraire qu'elle est commune, CC qu'elle est fort commune, CCC qu'elle est très-commune. La lettre R simple, ou pareillement redoublée, avertira que la plante est rare, fort rare, ou très-rare dans le lieu où elle est indiquée.

ITINÉRAIRE BOTANIQUE

Depuis les environs d'Agen jusques au Port-Sainte-Marie, dans les champs, les coteaux, les vallons qui bordent ou avoisinent la grande route.

Catananche cœrulea. LINN. Sur les coteaux entre Agen et Sainte-Radegonde. C.

Amaryllis lutea. LINN. Au Saint-Esprit, près d'Agen. R.

Potentilla rubens. VILL. Sur les coteaux, au Saint-Esprit, près d'Agen. C.

Convolvulus cantabrica. LINN. Au-dessus de Chantilly, près d'Agen. C.

Stæhelina dubia. LINN. Les coteaux des environs d'Agen. RR.

Coronilla emerus. LINN. Les bois des collines près d'Agen. C.

Coronilla varia. LINN. Les bords des vignes et des sentiers dans les collines près d'Agen. C.

Rhamnus alaternus. LINN. Les rochers exposés au midi, près d'Agen. C.

Phillyrea latifolia. LINN. Les rochers *id.* etc. C.

Phillyrea media. LINN. *Id.* etc. C.

Celtis australis. LINN. *Id.* etc. R. — A l'hermitage au-dessus d'Agen. C.

Coriaria myrtifolia. LINN. *Id.* etc. CCC.

Rhus coriaria. LINN. *Id.* etc. CCC.

Leersia orysoides. WILD. Derrière St.-Côme, à Agen. C.

Smyrnium olusatrum. LINN. Petit bois de Prouchet, près d'Agen. C.

Œnothera biennis. LINN. Les saussaies sur le bord de la Garonne, près d'Agen. CC.

Antirrhinum

Antirrhinum bellidifolium. Linn. Les at-terrissemens de la Garonne. RRR.

Cerastium aquaticum. Linn. *Id.* etc. C.

Sysimbrium tenuifolium. Linn. Les rives de la Garonne, près d'Agen. RRR.

Iberis pinnata. Linn. *Id.* etc. RRR.

Erysimum præcox. All. Les saussaies sur le bord de la Garonne, près d'Agen. R.

Cardamine impatiens. Linn. *Id.* etc. RR.

Centaurea mutabilis. S'.-Am. Mem. du mus. d'hist. nat. t. 1. pag. 77. Bord de la Garonne, sous la terrasse du dépôt de mendicité. RRR.

Chenopodium botrys. Linn. *Id.* etc. CC.

Chenopodium ambrosoides. Linn. *Id.* etc. CC.

Datura stramonium. Linn. *Id.* etc. CCC.

Ophrys antropophora. Linn. Près d'Agen , entre Prouchet et Bagatelle, sous le rocher. C.

Geranium malacoides. Linn. Au-dessous de Bagatelle , près la grande route. C.

Buphthalmum spinosum. Linn. Près d'Agen , les bords des champs et des vignes. CC.

Echinops ritro. Linn. Les bords de la Garonne et de la grande route, près d'Agen. CC.

Impatiens noli tangere. Linn. Les bords de la Garonne , près d'Agen. RRR.

Trifolium elegans. Savi. *Id.* etc. R.

Carex gynobasis. VILL. Les pelouses, les rochers des collines près d'Agen. CC.

Carex divisa. HUDS. Prairies humides. C.

Carex ruffa. var.ᵗ nigra. LINN. Fossés aquatiques. CC.

Carex maxima. SCOP. Les bords des ruisseaux ombragés. CC.

Lathrœa clandestina. LINN. Au pied des arbres, les prairies, les bords des ruisseaux. CCC.

Mercurialis perennis. LINN. Bords des ruisseaux ombragés. CC.

Aristolochia rotunda. LINN. Prairies du vallon de Foulayronnes. R.

Orchis mascula. LINN. Vallon de Foulayronnes, les prairies sèches, les bois. CC.

Orchis bifolia. LINN. Les bois des vallons de Foulayronnes et de Naux. CC.

Orchis laxiflora. LAM.ᵏ Mêmes vallons, les prairies humides. CCC.

Var.ᵉ à fleur blanche ou pourpre clair. *Id.* RRR.

Orchis morio. LINN. Mêmes vallons. C.

Var.ᵉ à fleur blanche. *Id.* R.

Orchis coriophora. LINN. *Id.* C.

Orchis pyramidalis. LINN. *Id.* RR.

Orchis fusca. JACQ. Mêmes vallons, les prairies des collines. C.

Orchis conopsea. LINN. *Id.* CC.

Orchis latifolia. Linn. *Id.* CCC.

Orchis galeata. Linn. *Id.* Les prairies sèches. C.

Orchis mascula. Linn. *Id.* etc. C. Sur les
penchans ombragés des collines.

Orchis abortiva. Linn. *Id.* Dans les bois.
RRR.

Serapias latifolia. Linn. Dans les bois, à
Ferrou, R.

Serapias grandiflora. Linn. Au-dessus de
Guittard, même vallon. R.

Serapias cordigera. Linn. Dans les bois,
au Passage, près du Mestrot. CC.

Serapias lancifera. N. Tubercules de la
racine arrondis, pedonculés; lèvre à trois
lobes, l'intermédiaire ligulé, oblong-lancéolé,
pendant, pileux, blanchâtre à sa base; nec-
taire avec deux lames calleuses parallèles. Les
prés, les pâturages, au Passage-d'Agen, à
Baurelle. C.

Serapias lingua. Linn. Vallon de Foulayronnes C.

Satyrium hircinum. Linn. Bois de Vérone,
même vallon. RR.

Ophrys nidus avis. Linn. *Id.* RRR.

Ophrys apifera. Linn. Les friches des col-
iines. CCC.

Ophrys aranifera. Linn. *Id.* CCC.

Ophrys arachnites. Linn. *Id.* CCC.

Ophrys myodes. Linn. Dans une friche près Guittard, vallon de Foulayronnes. C.

Ophrys fusca. Wild. Près de Ferrou, même vallon. RRR.

Ophrys spiralis. Linn. Les pelouses sèches des coteaux. CC.

Clathrus cancellatus. Linn. Bord du bois de Ferrou, vallon de Foulayronnes. RR.

Daphne laureola. Linn. Bois de Vérone, vallon de Foulayronnes. R. Et du Tournés. C.

Euphorbia pilosa. Linn. Même vallon, sur le bord du ruisseau. C.

Humulus lupulus. Linn. *Id.* etc. C.

Ornithogalum pyrenaicum. Linn. Même vallon, dans les prairies. CC.

Ophioglossum vulgatum. Linn. *Id.* etc. C.

Anemone ranunculoides. Linn. *Id.* etc. C ; sur le bord du ruisseau, vallon de Foulayronnes. CCC.

Anemone nemorosa. Linn. A Peyrequatre, même vallon. R.

Symphytum tuberosum. Linn. Même vallon, sur le bord du ruisseau. CC.

Nigella damascena. Linn. A l'entrée du même vallon, à gauche sur le coteau. C.

Nigella hispanica. Linn. Entre le Bedat et les saussaies du bord de la Garonne. R.

Phalaris canariensis. LINN. Côte de Mon-bran, à gauche du chemin. RR.

Cynosurus durus. LINN. Allées de la porte du Pin. CC.

Anthericum liliago. LINN. Au-dessus du Bedat, sous le rocher. RR.

Malva faltigiata. CAV. Sur les collines qui dominent le vallon de Naux. CC.

Helleborus viridis. LINN. Vallon de Naux, sur les bords du ruisseau. C.

Centaurea galactites. LINN. Même vallon. CC.

Mespilus pyracantha. LINN. Coteau de Montréal, dans les friches. R.

Spartium junceum. LINN. Sur le bord des bois et des chemins. C.

Tulipa sylvestris. LINN. Dans les champs des collines. C.

Tulipa oculus solis. Sᵀ.-AM. Les champs cultivés. CC.

Briza virens. LINN. Les terres légères et sa-blonneuses, plaine de la Garonne. R.

Cerastium obscurum. CHAUBARD, inéd. Droit, hérissé de poils visqueux ; feuilles lancéolées-oblongues, retrécies à la base ; péduncules plus longs que les calices ; bractées non membraneuses ; pétales de la longueur du calice. ✳ Vaill. Bot. par. 142. t. 3o. f. 2.

Cer. *semidecandrum.* Decand. fl. fr. 4398 ? Lois. fl. gall. p. 271 ? Les champs sablonneux. R.

Cerastium pellucidum. CHAUB. , ined. Velu, visqueux, pentandre ; tige redressée ; feuilles ovales-arrondies ; péduncules trois ou quatre fois plus longs que le calice ; bractées de la dichotomie générale à demi-membraneuses transparentes ; pétales moins longs que le calice. ☉ Les terres sablonneuses. R.

Salvia prœcox. LOIS. Les bords de grande route. CC.

Cynoglossum pictum. LINN. Sur le bord des chemins. CCC.

Rumex acetosella. LINN. Les terres sablonneuses. CCC.

Ornithopus sativus. BROT. Les terres légères sablonneuses , plaine de la Garonne. R.

Ornithopus compressus. LINN. *Ibid.* CC.

Carduus macrocephalus. DESF. Bords de la Garonne. R.

Verbascum sinuatum. LINN. Le bord des fossés , le long des routes. CCC.

Amaranthus retroflexus. WILD. Les chemins , les bords de la Garonne. CCC.

Centaurea solsticialis. LINN. Dans les champs. C.

Centaurea aspera. LINN. Lieux stériles sur les coteaux. C.

(199)

Psolarea bituminosa. Lɪɴɴ. Les friches, les bords des vignes dans les coteaux. CCC.

Lotus hirsutus. Lɪɴɴ. *Id.* CCC.

Myriophyllum pectinatum. Rᴇǫ. Fl. fr. VI. Les marais, à Sérignac. C.

Polycarpon tetraphyllum. Lɪɴɴ. Près le château de Clermont-Dessous. R.

Du Port-Sainte-Marie à Aiguillon.

Verbascum caliculatum. Cʜᴀᴜʙᴀʀᴅ, inéd. Feuilles décurrentes, drapées, les supérieures ovoïdes, mucronées ; fleurs sessiles, en épi rameux à la base, continu et très-dense ; calices petits ; deux étamines glabres du côté extérieur seulement. ♂ A Saint-Laurent, vis-à-vis le Port-Sainte-Marie. C.

Verbascum longiracemosum. Cʜᴀᴜʙ., inéd. Feuilles très-décurrentes, sinuées, dentées, peu drapées; tige rameuse ; épi interrompu, plus long que la tige ; calices médiocres; bractées inférieures décurrentes. ♂ A Saint-Laurent, vis-à-vis le Port-Sainte-Marie. C.

Bromus abortiflorus. N. A Saint-Laurent, dans les moissons. R.

Lepidium petræum. Lɪɴɴ. Près le Port-Sainte-Marie. R.

Dorycnium suffruticosum. **Vill.** Les coteaux arides, près le Port-Sainte-Marie. C.

Salvia officinalis. **Linn.** Dans les vignes, au-dessus de l'église de Romas. R.

Acer monspessulanum. **Linn.** Sur les rochers entre le Port-Sainte-Marie et Aiguillon. R.

Doronicum pardalianches. **Linn.** Bords du ruisseau d'Espalais. R.

Cenchrus capitatus. **Linn.** A Espalais. RRR.

Asphodelus ramosus. **Linn.** Sur le roc de Pine. R.

Anchusa undulata. **Linn.** Les environs d'Aiguillon. C.

Echium pyrenaicum. **Desf.** Le bord de la Garonne, près Saint-Côme, commune d'Aiguillon. RR.

Campanula rotundifolia. **Linn.** A Sainte-Radegonde, près d'Aiguillon. RRR.

D'Aiguillon au Cap-du-Bosc, commune de Damazan.

Antirrhinum cymbalaria. **Linn.** A Muge, près Damazan. R.

Menyanthes nymphoides. **Linn.** Dans les viviers de Muge, naturalisé. CCC.

Thesium linophyllum. **Linn.** Les bords des

vignes, entre Damazan et le Cap-du-Bosc. CC.

Serapias ensifolia. Les bois entre Damazan et le Cap-du-Bosc. R.

Scilla liliohyacinthus. LINN. Au Cap-du-Bosc. RR.

Dans les Landes des départemens de Lot-et-Garonne et de la Gironde.

Scilla verna. AIT. A la métairie de la Brane, près Arx. RRR.

Saxifraga geum. LINN. Environs de Villefranche, entre Lubbon et Rhimbés. RRR.

Scutellaria minor. LINN. Bords du lac de la Lague, près Xaintrailles. C.

Scutellaria albida. LINN. Bords d'une petite marre près de Saint-Julien. R.

Alchemilla alpina. LINN. Plaine de Beaudignan. R. Trouvée par M. Graulhié.

Citysus argenteus. A Barbine, commune de Montagnac, dans les friches. R.

Cucubalus otiles. LINN. Terres sablonneuses parmi les bruyères, entre Sos et Gabarret. R.

Narcissus bulbocodium. LINN. Bords du ruisseau de la Gaïse qui passe à Sos et à Beaudiét. C.

Oxalis acetosella. LINN. Lieux marécageux

et ombragés. RRR. — Le long du ruisseau du Rhimbés.

Dianthus carthusianorum. Linn. Près Saint-Julien. R.

Lotus siliquosus. Linn. Près du château de Lassale, à Rhimbés. R.

Lotus diffusus. Soland. Les bords des bois de chênes, parmi les bruyères. C.

Veronica longifolia. Linn. Landes humides, près le lac de la Lagne. R. Trouvée par M. Graulhié.

Veronica spicata. Linn. Landes humides. R.

Ixia bulbocodium. Linn. Les bords des marais, plaine de Beaudignan. R.

Cyperus flavescens. Linn. Les bois, près de Lausseignan. RR.

Euphorbia esula. Linn. Clarières des bois de surriers, à Lausseignan. RR.

Euphorbia myrsinites. Linn. Lisière des landes, les collines sablonneuses. RR.

Euphorbia dulcis var. filipendula. Nob. Les lieux ombragés. C.

Verbascum semi album. Chaubard, inéd. Feuilles décurrentes, tomenteuses, blanches en dessous, vertes en dessus, les supérieures mucronées, épi simple continu ; bractées blanches en dessous, vertes en dessus ; deux étamines plus grandes, nues au sommet. ♂

Les sables mobiles , dans les bois de surriers.
C.

Stipa capillata. Linn. Les sables. RR. Trouvée par M. Graulhié.

Aira globosa. Thore. Les terrains sablonneux, entre Barbaste et la Menine. RR. Trouvée par M. Chaubard.

Aira canescens. Linn. Les sables. CCC.

Aira flexuosa. Linn. Les bois de la lisière des landes. RRR.

Aira præcox. Linn. Les sentiers , près le pont de Gorre. CC.

Avena versicolor. Vill. Les landes sèches, entre Xaintrailles et Durance.

Arenaria montana. Linn. Les bois de pins. CC.

Cistus salvifolius. Linn. *Id.* C.

Cistus umbellatus. Linn. *Id.* C.

Cistus alyssoides. Lam. *Id.* C.

Cistus guttatus. Linn. Dans les bois et les landes. CCC.

Anthericum planifolium. Linn. *Anth. bicolor.* Thore. Chlor. des landes. CCC.

Cytinus hypocistis. Linn. Dans les bois. RR.

Erica decipiens. N. Anthères mutiques, saillantes ; corolles sphériques-campanulées ; folioles calycinales ovales-arrondies ; péduncules quatre fois plus longs que les fleurs ,

munis de deux paires de petites bractées. *
Sur la lisière des landes. R. *Erica multiflora.*
Decand. fl. fr. VI. non linn.

Erica tetralix. LINN. Les bois des terres
tourbeuses et marécageuses. CC.

Erica ciliaris. LINN. Les bois, les landes
tourbeuses. C.

Erica scoparia. LINN. Partout. CCC.

Erica cinerea. LINN. *Id.* CCC.

Statice armeria. LINN. Les prairies, environs de Caubeyres et de la Madelaine. CCC.

Statice plantaginea. ALL. *Id.* C. *Statice
céphalotes.* WILD.

Statice oleifolia. SCOP. Près d'un petit lac ;
entre Lubbon et la Menine. R.

Linum radiola. LINN. Près de Caubeyres ;
sur le bord des prairies. C.

Daphne cneorum. LINN. Parmi les bruyères,
près le pont de Gorre. C.

Myrica gale. LINN. Les marais, près le pont
de Gorre. CC.

Hypochæris maculata. LINN. Parmi les
bruyères. *Ibid.*

Drosera rotundifolia. LINN. Les terres humides près le pont de Gorre. CC.

Drosera longifolia. LINN. *Id.* etc. CC.

Sanguisorba officinalis. LINN. *Id.* RR.

Convalaria polygonatum. LINN. *Id.* Parmi
les bruyères, près le pont de Gorre. R.

Convallaria majalis. LINN. Lieux ombar-
gés. RR.

Juncus maritimus. LINN. Les marais. R.

Juncus squavosus. LINN. *Id*. R.

Juncus cricetorum. LINN. Les sentiers. C.

Juncus uliginosus. LINN. Lieux marécageux. C.

Juncus fluitans. LINN. Les eaux. CC.

Juncus mutabilis. LINN. Terres marécageuses. C.

Juncus mutabilis erectus. *Id*. C.

Juncus mutabilis pumilus. Terres inondées
en hiver. C.

Juncus mutabilis proliferus. Les lieux humides. C.

Juncus mutabilis luxurians. Les bords des
marais. C.

Juneus bufonius. LINN. Lieux humides.
CCC.

Juncus bufonius gracilis. *Id*. C.

Juncus tenageja. LINN. FIB. Lieux inondés
pendant l'hiver. CC.

Festuca bromoides. LINN. Dans les champs
sablonneux. R.

Festuca dumetorum. LINN. Dans les moissons. R.

Polygonum fagopyrum. LINN. Les champs
sablonneux, naturalisé. C.

Aliisma repens. Lam.ˣ Les fossés aquatiques, au pont de Gorre. R.

Campanula hederacœa. Linn. Environs de Boussés. RR.

Chrysocoma lynosyris. Linn. *Id.* C.

Viburnum opulus. Linn. Les bois. C. A Boussés.

Illecebrum verticillatum. Linn. Les sentiers. C.

Buplevrum graminifolium. Linn. Terres sablonneuses. RRR.

Alisma natans. Linn. Les eaux courantes. RR.

Alisma ranunculoides. Linn. Les marais desséchés. CCC.

Potentilla splendens. Ramond. Les bords des bois, des chemins. C.

Silene gallica. Linn. Les champs, parmi les moissons. R.

Silene anglica. Linn. *Id.* R.

Silene conica. Linn. *Id.* RR.

Silene portensis. Linn. C. *Silene bicolor,* Thore, Chlor. des Landes.

Sedum villosum. Linn. Les marais. R.

Spergula arvensis. Linn. Les terres sablonneuses. CC.

Spergula subulata. With. Les sentiers entre Damazan et Boussés. C.

Cerastium repens. LINN. terres sablonneuses. RR.

Lychnis floscuculi. LINN. Les prairies marécageuses. CC.

Gentiana pneumonanthe. LINN. Les lieux humides, à Boussés R ; à Beaudignan CC.

Parnassia palustris. LINN. Les terres tourbeuses. R.

Dianthus superbus. LINN. A Boussés. C.

Allium suaveolens. LINN. *All. ericetorum,* THORE , Chlor. des Landes. CC.

Antirrhinum junceum. LINN. Les champs sablonneux. CC.

Hypericum linearifolium. VAHL. Les Landes sèches. R.

Serratula tinctoria. LINN. A Boussés. C.

Carduus pratensis LIN. Prairies humides. C.

Reseda purpurascens. LINN. Champs sablonneux. CC.

Reseda sesamoides. LINN. *Id.* CCC.

Caltha palustris. LINN. Les prairies humides. C.

Ranunculus reptans. LINN. Les marécages. C.

Ranunculus aquatilis. LINN. Les fossés pleins d'eau stagnantes. CCC.

Teucrium iva. LINN. Garenne de Durance. C.

Teucrium montanum, LINN. Landes arides, R.

Teucrium scordium. **Linn.** Marais de Bugar-rat, près de Fargues. C.

Hydrocharis morsus roncœ. **Linn.** Les eaux dormantes, les marais. CCC.

Galium orbibracteatum. **Chaubard**, inéd. Feuilles verticillées 4 à 4, obtuses, élargies vers la base, à trois nervures ; tige droite, obscurément quadrangulaire ; bractées ovales-arrondies ; panicule droite, presque en fais-ceau. Les bords des champs. R. à Durance.

Galium constrictum. **Chaub.** inéd. Feuilles verticillées 6 à 6, inégales, linéaires, mutiques, un peu rudes en leurs bords ; tiges droites qua-drangulaires, munie de légères aspérités ; fleurs rapprochées en faisceau ; bractées linéaires ; fruits aglomérés. Les prairies humides. R. à Durance.

Exacum pusillum. **Decand.** Les pâturages marécageux. C.

Plantago subulata. **Linn.** Les sables. RR.

Schœnus mariscus. **Linn.** Les marais. CC.

Schœnus fuscus. **Linn.** Les marécages dessé-chés, les sables mobiles. CC.

Schœnus albus. **Linn.** Terreins maréca-geux. CCC.

Scirpus fluitans. **Linn.** Les marais, la rivière de l'Avance. CC.

Scirpus

Scirpus multicaulis. SMITH. Landes humides.
RR.

Scirpus bœothryon. WILD. Terreins tourbeux. C.

Scirpus setaceus. LINN. Le bord des marais. C.

Scirpus mucronatus. LINN. Les marais, les
étangs. C.

Scirpus cœspitosus. LINN. Les terreins tourbeux et noyés. R.

Zanichellia palustris. LINN. Les eaux dormantes. C.

Sparganium ramosum. WILD. *Id.* CC.

Gnaphalium Stœchas. LINN. Les sables.
CCC.

Gnaphalium montanum. WILD. *Id.* C.

Gnaphalium minimum. SMITH. *Id.* C.

Gnaphalium germanicum. Var.[e] prolifére,
tige flexueuse. *Id.* R.

Eriophorum angustifolium. WILD. Les prairies marécageuses, les étangs. C.

Eriophorum polystachium. LINN. *Id.* C.

Lysimachia nemorum. LINN. Etang de Bar-
din, près Rhimbés, et ailleurs. RR.

Anagallis tenella. LINN. MANT. Lieux humides et tourbeux. CCC.

Sysimbrium pyrenaicum. LINN. Dans les
champs, parmi les moissons. C.

Agrostis setacea. **Curt.** Les landes sèches. CCC.

Agrostis pumila. **Linn.** Lieux inondés pendant l'hiver. R.

Agrostis minima. **Linn.** Champs sablonneux. CCC.

Polypogon monspeliense. **Desf. Atl.** Sables arides. RR.

Pinguicula lusitanica. **Linn.** Les marais tourbeux. C.

Ophrys œstivalis. **Linn.** *Id.* C.

Genista anglica. **Linn.** Les bois de pins. C.

Genista scoparia. **Vill.** *Id.* C.

Betula alba. **Linn.** Le bord des eaux. R.

Betula alba pendula. Près la tour d'Avance. C.

Silene lusitanica. **Linn.** Terres sablonneuses. RR.

Panicum miliaceum. **Linn.** Cultivé dans les champs de seigle. CCC.

Panicum italicum. **Linn.** *Id.* CCC.

Veronica teucrium minor. **Nob.** Le bord des chemins, commune de Coutures. R.

Veronica triphyllos. **Linn.** Les champs sablonneux. C.

Fontinalis antipyretica major. **Linn.** Rivière de l'Avance, à Casteljaloux. C.

Quercus suber. **Linn.** Près de Casteljaloux, à Barbaste, à Mezin. CCC.

Arnica montana. Linn. Chemin de Grignols à Bazas, dans les bois. C.

Anthemis altissima. Linn. Près de Villandraut. C.

Lychnis sylvestris. Hop. *Id.* Dans les lieux ombragés. C.

Cynoglossum officinalis. Linn. *Id.* CC.

Melica cœrulea minor. Nob. Marais tourbeux. R.

Nardus stricta. Linn. Terre de bruyère. R. Entre Sos et Gabarret.

Myriophillum spicatum. Linn. Les eaux stagnantes, les marais. R.

Myriophyllum verticillatum. Linn. *Id.* C.

Hostonia palustris. Linn. Les marais tourbeux. CC.

Tillœa muscosa. Linn. Les sentiers parmi les bruyères. R.

Hypochœris glabra. Linn. Le bord des champs sablonneux. R.

Hyoseris hedipnois. Linn. Les terres sablonneuses. C.

Triticum halleri. Viviani. Bords du lac de la Lague. C.

Monotropa hipopythis. Linn. Les bois de pins R.

Genista pilosa. Linn. Les bois. RR.

Sium inundatum. Linn. Les eaux stagnantes. R.

Sison verticillatum. Linn. Les marécages. CCC.

Carex pseudo cyperus. Linn. Landes humides et ombragées. C.

Corrigiola littoralis. Linn. Les terres sablonneuses. C.

Iberis nudicaulis. Linn. Les sables. CC.

Pedicularis sylvatica. Linn. Prairies et Landes marécageuses. CC.

Melampyrum pratense. Linn. Les prairies, les bois CCC.

Melampyrum sylvaticum. Linn. *Id.* CC.

Osmunda regalis. Linn. Les bois humides. C.

Tamarix gallica. Linn. Le bord des chemins. C.

Bartsia viscosa. Linn. Les prairies humides. CCC.

Salix aurita. Linn. Les landes sablonneuses. R.

Salix fusca. Linn. Les landes humides, à Rhimbés. C.

Salix arenaria. Linn. Les sables. CC.

Arbutus unedo. Linn. Les bois, près de la Teste. CCC.

Menyanthes trifoliata. Linn. Eaux tranquilles des Landes, R ; étang de Cazeaux. C.

Lobellia dortmanna. LINN. *Id.* Ex sent. BORY-SAINT-VINCENT.

Sparganium natans. LINN. *Id.*

Diotis candidissima. LINN. Sur les dunes maritimes. C.

Antirrhinum thymifolium. VALH. *Id.* C.

Convolvulus soldanella. LINN. *Id.* CC.

Arenaria peploides. LINN. *Id.* CC.

Arenaria marina. LINN. *Id.* CC.

Hieracium eriophorum. S. Am. *Id.* C.

Galium arenarium. LOIS. *Id.* CC. — *Galî. megalospermum.* DEC. fl. fr.

Cheiranthus sinuatus. LINN. *Id.* CC.

Cheiranthus tricuspidatus. LINN. *Id.* CC.

Exacum filiforme. WILD. Au Pila. R.

Statice armeria. LINN. Sur la plage maritime. C.

Statice limonium. LINN. *Id.* CC.

Salicornia fruticosa. LINN. *Id.* C.

Glaux maritima. LINN. *Id.* CC.

Salsola kali. LINN. *Id.*

Salsola herbacea. LINN. *Id.*

Salsola tragus. LINN. *Id.*

Fucus vesiculosus. LINN. Sur la plage à marée basse. CCC.

Fucus silicosus. LINN. *Id.* CCC.

Fucus feniculaceus. LINN. *Id.* CCC.

Fucus corneus. LINN. *Id.* CCC.

Fucus loreus. LINN. *Id.* CCC.

Fucus natans. LINN. *Id.* CCC.

Fucus nodosus. LINN. etc. *Id.* CCC.

Laurentia pinnatifida. LAMOUR. *Id.* C.

Gelidium coronopifolium. LAMOUR. *Id.* CCC.

Laminaria phyllitis. LAMOUR. *Id.* CCC.

Laminaria digittata. LAMOUR. etc. etc.

Chrysanthemum segetum. LINN. Champs sablonneux, près de Bordeaux.